Imtiyaz Parrey

Uma introdução aos catalisadores de terceira geração

ScienciaScripts

Imprint

Cover image: www.ingimage.com

This book is a translation from the original published under ISBN 978-620-2-06241-1.

Publisher:
Sciencia Scripts
is a trademark of
Dodo Books Indian Ocean Ltd. and OmniScriptum S.R.L publishing group

120 High Road, East Finchley, London, N2 9ED, United Kingdom
Str. Armeneasca 28/1, office 1, Chisinau MD-2012, Republic of Moldova, Europe
Managing Directors: Ieva Konstantinova, Victoria Ursu
info@omniscriptum.com

Printed at: see last page
ISBN: 978-620-8-58879-3

Imtiyaz Parrey

Uma introdução aos catalisadores de terceira geração

LIVRO SOBRE

UMA INTRODUÇÃO AOS CATALISADORES DE TERCEIRA GERAÇÃO

Imtiyaz Rasool Parrey

Departamento de Química, Govt. Degree College Doru Anantnag Jammu e Caxemira (Índia)

Endereço de correio eletrónico: imtiyazchemistry@gmail.com

ÍNDICE DE CONTEÚDOS

1. Introdução:

A palavra catálise foi dada por JonsJakob Berzelius em 1835, que foi o primeiro a suspeitar que produtos químicos específicos aceleravam uma resposta. Os outros primeiros cientistas que expuseram a catálise foram Alexander Mitscherlich, em 1831, que falou sobre os procedimentos de contacto, e Johann Wolf Gang Dobereiner, que discutiu a atividade de contacto e cujo isqueiro, tendo em conta o hidrogénio e um tubo de platina, se transformou num imenso resultado comercial na década de 1820. A catálise é o processo de aceleração de uma resposta sintética através de métodos para uma substância, chamada "impulso", que não é gasta na resposta geral. Um ímpeto dá um curso opcional de resposta de substância onde a vitalidade de atuação é menor do que a primeira. Funciona dando um caminho opcional para a resposta acontecer, diminuindo assim a vitalidade de iniciação. O ímpeto não se envolveu para sempre com a resposta sintética.

A palavra de ordem nesta definição é "para sempre", uma vez que há provas que demonstram que o ímpeto e o reagente interagem antes que uma resposta possa ocorrer. O resultado desta ligação é um meio reativo a partir do qual os itens são enquadrados. Esta ligação substrato-impulso pode ocorrer de forma homogénea, sendo que tanto os reagentes como o impulsor ocorrem mais frequentemente numa fase semelhante, ou pode ocorrer de vez em quando na interface entre duas fases. As respostas catalisadas de forma heterogénea utilizam um impulso forte com a convergência a ocorrer na interface gás/forte ou fluido/forte. Os factores motores, por exemplo, a taxa de resposta, a vitalidade da ação, a natureza do estado de progresso, etc., são os atributos que podem ser influenciados por um impulso. Os impulsos funcionam dando um instrumento de opção que inclui um estado de mudança alternativo e uma menor vitalidade de atuação. O impacto disto é que mais colisões atómicas têm a vitalidade esperada para atingir o estado de mudança. Subsequentemente, os impulsos podem realizar respostas que, embora termodinamicamente práticas, não continuariam a funcionar sem a proximidade de um impulso, ou realizá-las de forma substancialmente mais rápida, mais particular ou a temperaturas mais baixas. Isto implica que os impulsos diminuem a medida de vitalidade esperada para iniciar uma resposta da substância. Os impulsos não podem tornar concebíveis respostas vivamente negativas.

Eles não têm impacto no equilíbrio da substância de uma resposta, com base no facto de que a taxa de resposta de avanço e de retorno é influenciada de forma semelhante. A mudança líquida de vitalidade livre de uma resposta é a mesma, quer um impulso seja utilizado ou não; o impulso apenas torna menos exigente a atuação. A unidade SI determinada para medir o movimento do reagente de um impulso é o katal, que é moles por segundo. O nível de ação de um impulso pode igualmente ser representado pelo número de rotação (TON). O idêntico bioquímico é a unidade proteica sobre a recorrência (TOF). Um modelo simples para a catálise heterogénea inclui o impulso que dá uma superfície na qual os reagentes (ou substratos) progridem brevemente para se tornarem adsorvidos. Os títulos no substrato acabam por ficar visivelmente debilitados de forma adequada para que sejam criados novos títulos. As ligações entre os elementos e o impulso são mais fracas, pelo que os elementos são descarregados. São conhecidos diversos componentes concebíveis para as reacções nas superfícies, dependendo da forma como ocorre a adsorção. Por exemplo, no processo Haber de produção de sais olfactivos, a prensa finamente dividida funciona como um impulso heterogéneo. Os locais dinâmicos no metal permitem uma fraca adesão fraccionada aos gases reagentes, que são adsorvidos na superfície do metal. Deste modo, a ligação no interior do átomo de um reagente é debilitada e as partículas reagentes são mantidas próximas umas das outras. Assim, a segurança tripla especialmente sólida no azoto é debilitada e as partículas de hidrogénio e azoto estão mais unidas do que na fase gasosa, pelo que a taxa de resposta aumenta. Diferentes impulsos heterogéneos incorporam o óxido de vanádio (V) no processo de contacto, o níquel no fabrico de margarina, a alumina e a sílica na separação de alcenos e o paládio de platina e ródio nos sistemas de escape. Nos motores de automóveis, a ignição inadequada do combustível produz monóxido de carbono, que é perigoso. O arranque elétrico e as temperaturas elevadas permitem ainda que o oxigénio e o azoto reajam e formem óxido nítrico e dióxido de azoto, responsáveis pela neblina castanha fotoquímica e pela chuva corrosiva. Os sistemas de escape diminuem esses fluxos de saída adsorvendo o CO e o NO numa superfície sinérgica, onde os gases sofrem uma reação redox. O dióxido de carbono e o azoto são dessorvidos da superfície e produzidos como gases geralmente inócuos. Na catálise homogénea, o impulso é uma partícula que estimula a resposta. O(s) reagente(s) que se dispõe(m) ao impetus (ou o contrário) é(são) transformado(s) em produto(s), que é(são) então descarregado(s) do impetus.

Os casos de impulsos homogéneos são H^+ (aq) que funciona como um impulso na esterificação, e radicais livres de cloro na decomposição do ozono. Os radicais livres de cloro são enquadrados pela atividade da radiação luminosa sobre os clorofluorocarbonos (CFC). Estes respondem com o ozono moldando os átomos de oxigénio e recuperando os radicais livres de cloro. Na natureza, os produtos químicos são impulsos na via metabólica. Na química orgânica, a catálise é adicionalmente observada com compostos, ribozimas e desoxirribozimas. Na biocatálise, as proteínas são utilizadas como impulsos nas ciências naturais.

I.I. O suporte de polímero

A decisão de uma rede de polímeros legítima é um fator vital nas respostas sustentadas dos polímeros. O pré-requisito primário para a melhoria de uma união de fase forte era uma ajuda apropriada. As propriedades físicas da ajuda podem ter um impacto sólido na execução do reagente. A ajuda polimérica assume um papel essencial na decisão da reatividade das moléculas do reagente [1-2]. O auxiliar utilizado pode ser um polímero hidrofóbico obtido a partir do estireno e dos seus homólogos ou um polímero hidrofílico como a amida de poliacril ou a poli(pirroldina de vinilo). O poliestireno cruzado com medidas variáveis de divenilbenzeno é a rede mais contemplada e mais utilizada para polímeros. A acessibilidade comercial, a simplicidade de funcionalização e a impermeabilidade à partição degenerativa de campeões fazem do poliestireno uma ajuda útil em respostas suportadas por polímeros, devido à natureza hidrofóbica sólida, deu a impressão de ser inconsistente no que diz respeito a solventes e substratos polares. Apesar do facto de os reagentes à base de poliestireno continuarem a dominar o campo, foram igualmente apresentados reagentes tendo em vista as poliamidas [3] poli(metacrilato de metilo), poli(vinil1peridina) e poli N-acrílico pirrolidina. Observou-se que estes suportes poliméricos eram muito melhores do que os de poliestireno devido ao melhor ajuste hidrofílico e hidrofóbico que podiam proporcionar[4-6]. Os suportes utilizados podem ser rectos ou cruzados. Os polímeros rectos são dissolvíveis em "grandes solventes" e, consequentemente, podem ser adquiridas transformações elevadas como abertura uniforme de conjuntos utilitários. Estes pontos de interesse dos polímeros diretos foram demonstrados pela utilização da oxidação e da cloração dos n-cloro nylons. No entanto, eles têm o inconveniente do problema na mistura de resposta. Isto limita a informatização do processo. Outra desvantagem é a probabilidade de respostas laterais fornecerem conexões cruzadas indesejáveis entre as respostas. " Curiosamente; cruzar polímeros conectados, que são acessíveis como pontos circulares e insolúveis em todos os solventes, podem ser isolados por filtração básica. Apesar do facto de serem insolúveis, incham amplamente em "grandes solventes", descobrindo as suas reuniões internas de resposta aos reagentes dissolvíveis. Consequentemente, as ligações cruzadas, embora insolúveis para todos os efeitos, são tentativamente atraentes devido à sua simplicidade de divisão e limpeza. Os polímeros de ligação cruzada apresentam uma distinção significativa nas propriedades, dependendo do nível de ligação cruzada e da estratégia de preparação. Dois tipos de polímeros de ligação cruzada são o gel e a seiva permeável em grande escala. Os polímeros de gel são igualmente chamados de seivas permeáveis em escala miniaturizada, tendo em vista que o espaço entre as conexões cruzadas envolvidas pelo inchaço dissolvível é considerado como pequenos poros. Eles são, em sua maior parte, organizados por polimerização em suspensão e são delicadamente conectados (1-5%). Ao utilizar um "dissolvível decente", a salvação dos custos das ligações poliméricas faz com que os dabs inchem amplamente. À medida que o nível de ligação cruzada aumenta, a portabilidade da cadeia polimérica diminui". Os alcatrões permeáveis em macro são igualmente dispostos por polimerização em suspensão, utilizando medidas mais elevadas de operador de ligação cruzada (5-6%). Estes alcatrões permeáveis à escala real têm capacidade de inchaço em grandes solventes [7]. A principal posição favorável dos alcatrões permeáveis em escala real é a sua gama substancial de superfície interna dentro de vastos poros que permite o acesso simples dos reagentes que são básicos para a reatividade. Outra posição favorável dos campos permeáveis à escala real é a sua segurança dimensional, o que os torna, num mundo perfeito, apropriados para aplicações em secções.

Esquema 1

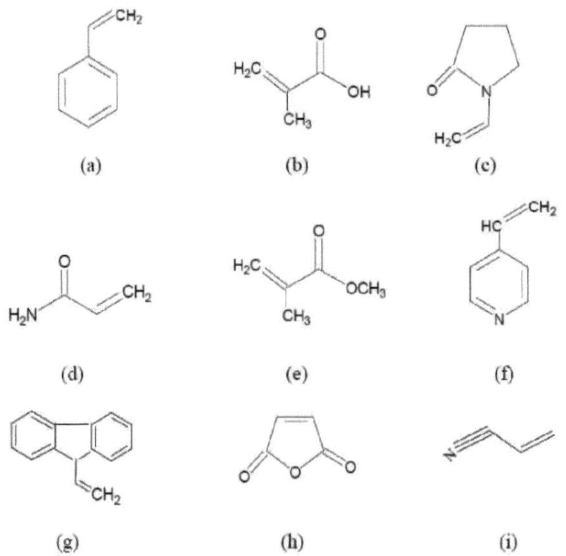

Esquema 1 Monómeros normalmente utilizados para a preparação de suportes de polímeros (a) Estireno b) Ácido metacrílico c) N-venilpirrolidona d) Acrilamida (d) metacrilato de metilo e) 4-vinilpiridina g) vinilcarbazol (h) Anidrido maleico i) Acrilonitrilo

1.2 Almofada de poliestireno

O poliestireno satisfaz os critérios significativos para uma ajuda, ou seja, é artificialmente estável numa variedade de solventes habitualmente utilizados, tanto polares como não polares. O poliestireno é ainda um destaque entre os materiais poliméricos mais comuns utilizados como parte da combinação [8] devido ao seu baixo custo, acessibilidade preparada, poder mecânico, dormência de compostos e funcionalização simples. Entre os poliestirenos, o que tem ligação cruzada com o divinilbenzeno (2 mol%) tem sido o mais proeminente até à data, uma vez que este polímero incha firmemente em alguns solventes e as suas respostas são completadas principalmente em solventes como o benzeno, o cloreto de metileno e a dimetilformamida. Foram utilizadas várias metodologias distintas para planear apoios electivos que mantêm uma distância estratégica das restrições do PS-DVB. O método mais utilizado tem sido a junção de polietilenoglicol (PEG) à espinha dorsal do poliestireno. [9-10] TentaGeland Argo Gel [11] são dois casos acessíveis do ponto de vista financeiro, em que a consolidação das cadeias de PEG aumenta significativamente a semelhança do polímero com solventes polares. As propriedades hidrofóbicas do poliestireno de ligação cruzada foram generosamente equilibradas através da conclusão de uma polimerização conjunta de óxido de etileno no interior dos grânulos[12-13] Todos os poliestirenos derivados de PEG apresentam um melhor inchaço e, subsequentemente, uma melhor reatividade fabricada. Em diferentes casos, são utilizadas N, N-dimetacrilamidas e as fracas propriedades físicas destes polímeros são ultrapassadas armazenando-os em suportes não flexíveis. Uma via a seguir consiste em examinar os dabs dispostos utilizando operadores de ligação cruzada mais longos e mais adaptáveis do que o DVB, como o dimetacrilato de etilenoglicol (EGDMA) e o diacrilato de tetraetilenoglicol (TTEGDA), de modo a obter propriedades de solvatação distintas. O gel permeável (macroreticular), moderadamente inflexível e em grande escala, é outro tipo de polímero de estireno que, uma vez solvatado, não altera consideravelmente as medidas como componente da extremidade dissolvível. Estes polímeros têm a vantagem de simplificar a filtração do meio de resposta após a resposta, de permitir a abertura de conjuntos receptivos e de permitir que os poros de grandes dimensões impeçam a disseminação do reagente. As desvantagens destes polímeros são a menor reatividade do que a dos polímeros permeáveis de pequena dimensão e a fragilidade, o que torna a reutilização, em certa medida, problemática. Os polímeros permeáveis em pequena escala têm um inchaço fraco, particularmente em meios próticos muito polares, e uma abertura fraca do local. Outro gel em escala miniaturizada que tem uma utilidade promissora para a união natural foi pesquisado por Spanka et al. [14] que enquadra arranjos que mostram consistência reduzida mesmo em focos elevados quando contrastados com polímeros rectos. Além disso, o resultado de cada etapa de resposta individual pode ser verificado eficazmente por RMN de protões básica, uma alternativa não acessível quando se utilizam polímeros insolúveis. Os vários tipos de suportes à base de poliestireno são geralmente utilizados como materiais recicláveis para catálise [15-16] e reagentes e abrangem um vasto leque de alterações de mistura. O avanço de uma extensa variedade de oxidantes à base de poliestireno para a oxidação de um conjunto de álcoois essenciais e opcionais [17-18] é explicado. Os suportes de poliestireno têm sido largamente utilizados como ajuda para a síntese de péptidos [19-20]. Alguns grupos têm contemplado a utilização de poliestireno direto como um suporte forte dissolvível [21]. O objetivo é influenciar as espécies heterogéneas para que respondam melhor. Plano 1.1

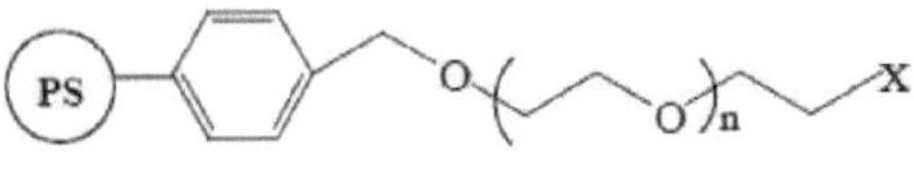

n = 70
x = OH or NH_2

TENTA GEL

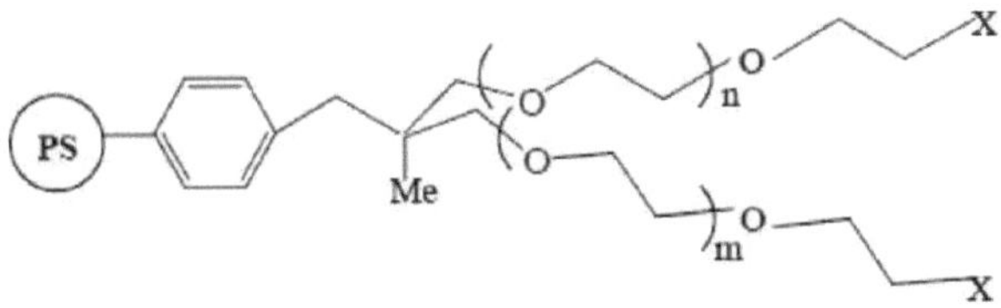

ARGO GEL

X = OH or NH_2 or Cl

1.3 Reforço de polímero à base de poliacrilamida

O plano de engenharia de suportes poliméricos polares, por exemplo, a poliacrilamida, é um avanço crítico44 no domínio da complexação de metais [22-23], da restrição da cor [24] e da disponibilidade de vários reagentes poliméricos [25]. Os polímeros de poliacrilamida têm uma extraordinária natureza hidrofílica [26]. Depois de Tomoi e colaboradores [27] terem descoberto que as triamidas fosfóricas reforçadas com poliestireno catalisavam respostas de troca de fase, as poliacrilamidas, quer como tal [28] quer legitimamente substituídas e quaternizadas, foram utilizadas para fazer avançar éteres, azidoidrinas, haloidrinas e arranjos de tiocianoidrinas. A subsidiária quaternizada de poli-acrilamidas cruzadas com 2% de DVB acabou por ser um impulso recuperável e reciclável proficiente para a abertura nucleofílica do anel de epóxidos em água [29-30]. Os reagentes à luz dos polímeros de poliacrilamida de ligação cruzada foram utilizados para oxidações[31-32] e hidrólise de ésteres[33]. A poliacrilamida e as suas estruturas alteradas foram utilizadas como impulsos de tipo co-dissolúvel para respostas de remoção nucleofílica em condições de duas fases e de três fases. A poliacrilamida ajustada unida à superfície de uma película de nylon permeável foi adicionalmente utilizada como catalisador de troca de fases[34]. Verificou-se que estas estruturas reforçadas têm atributos diversos no que diz respeito à extremidade, solvatação e reatividade, em comparação com as espécies reforçadas de poliestireno normalmente utilizadas. As polivinilpirrolidonas têm uma vasta aplicação no domínio dos reagentes de suporte de polímeros60 e estão adicionalmente equipadas para restringir cores distintas [35]. São utilizadas como parte de produtos de higiene pessoal, maquilhagem e uma variedade de produtos farmacêuticos, incluindo a produção de comprimidos e materiais tipificados em escala miniaturizada e, além disso, como substituto do plasma sanguíneo [36]. A polivinilpirrolidona direta é um polímero higroscópico, indistinto e é o homopolímero dissolvível da N-vinilpirrolidona. Povidona é a designação não específica da polivinilpirrolidona em produtos farmacêuticos. Ao complexar com PVP, o perigo do iodo é reduzido e mantém as propriedades desinfectantes do iodo e, consequentemente, os edifícios de PVP-iodo são geralmente utilizados como produtos domésticos sem germes. Plano 1.2

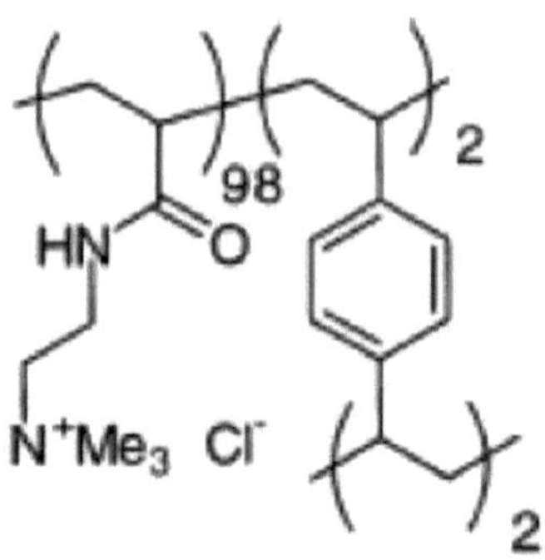

Esquema 1.2 Sais de amónio suportados em poliacrilamida

1.4 Zeólitos:

As zeólitas, com a sua estrutura intra-cristalina de confinamento e de canais, interessam há muito tempo os investigadores. A epitomização de edifícios metálicos progressivos nestes materiais pode juntar alguns atributos da ajuda (como a medida dos poros, a estimativa da cavidade e o potencial eletrostático) com as propriedades electrónicas e estereo-sintéticas do complexo e, assim, pode levar à disposição muito específica de elementos específicos com uma estrutura exacta. Como indicado por Herron [37] e Mitchell [38], os edifícios epitomizados de zeólito podem ser considerados como análogos inorgânicos de proteínas. Estes materiais têm uma estrutura interna de canais interligados que se abrem em compartimentos mais extensos, tal como os cursos de água subterrâneos se abrem numa rendição. Artificialmente são construídos de Si04 e AI04 tetraédricos ligados através de vãos de oxigénio. A ligação dos tetraedros entre si cria canais e compartimentos de várias formas e tamanhos. Esta estrutura do zeólito é, em certa medida, semelhante à estrutura proteica terciária de um catalisador. Em um produto químico, o sítio dinâmico é implantado na cadeia proteica. Esta cadeia proteica protege o sítio dinâmico de respostas terríveis, por exemplo, auto-demolições por meio de vias bimoleculares. Funciona igualmente como uma peneira para os átomos do substrato e permite que apenas as partículas capazes de atravessar os canais proteicos cheguem ao sítio metálico dinâmico implantado. Devido a esta atividade de peneiração, a proteína apresenta uma elevada seletividade de substrato. Uma comparação fascinante entre os compostos e os zeólitos neste contexto é a utilização de zeólitos como filtros sub-atómicos na partição de misturas de gases e, além disso, como impulsos específicos de forma e tamanho. A cadeia proteica do composto dá igualmente um vazio estéreo artificialmente solicitado perto do local dinâmico, onde o substrato deve viver no meio da resposta, provocando alterações em determinados títulos dentro do substrato partícula. Esquema

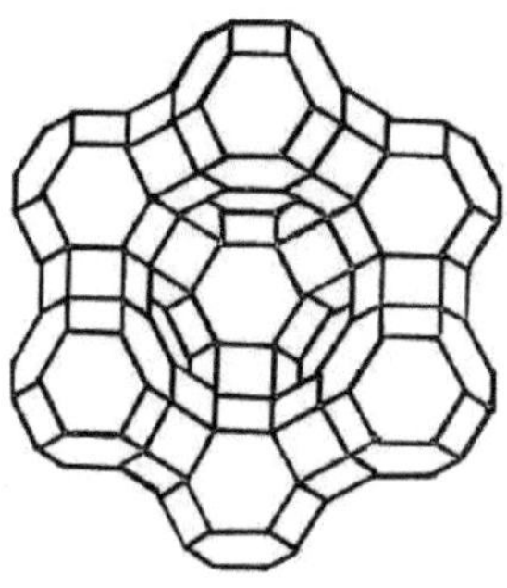

1.5 Óxidos metálicos:

Na verdade, os impulsos de óxido têm sido utilizados principalmente para respostas em fase de vapor nos empreendimentos petrolíferos e petroquímicos. Em todo o caso, trabalhos recentes demonstraram que estes impulsos podem igualmente ser bem sucedidos no avanço de várias respostas artificialmente úteis. Embora os óxidos básicos indiquem movimento para algumas oxidações, são geralmente utilizados como ácidos ou bases fortes. Os óxidos complexos podem ir desde os óxidos básicos, disformes e duplos até às estruturas ternárias e quaternárias mais imprevisíveis. A utilização de zeólitos e lamas pode dar seletividade de forma a várias respostas; um elemento que torna estas estruturas especialmente interessantes para utilização em misturas. Os impulsos de óxido dividem-se em duas classificações gerais. São protectores eléctricos ou podem funcionar como semicondutores. Os óxidos protectores são aqueles em que o material catiónico tem uma valência solitária, pelo que têm proporções estequiométricas M:O. Os óxidos diretos MgO, Al2O3 e SiO2 e os zeólitos mais imprevisíveis, que são alumino-silicatos, entram nesta classificação. Estes materiais não são potentes como impulsores de oxidação e são mais utilizados como ácidos ou bases.

Os óxidos semicondutores são utilizados mais regularmente como parte de oxidações. Trata-se de materiais em que a espécie metálica é alternada de forma moderadamente eficaz entre dois estados de valência. Estes podem ser dois estados de oxidação positivos distintos, como em FeZO3, V2O5, TiO2, CuO ou NiO, ou a transformação entomb entre a partícula positiva e o metal imparcial, como acontece com os óxidos mais facilmente atenuados, por exemplo, ZnO4 e CdO2. Essencialmente, alguns óxidos são semicondutores porque podem ter uma abundância marginal ou uma insuficiência de electrões. No caso anterior, existe uma carga negativa líquida, pelo que o material é designado por semicondutor de tipo n. Uma carga positiva líquida dá origem a um semicondutor de tipo p. Estes dois tipos são consideravelmente extraordinários nas suas qualidades de adsorção e de resposta.

1.6 Cromatos:

As misturas de óxidos metálicos com óxidos de crómio (Ill) como segmentos primários são conhecidas como cromites. O impacto eletrónico do crómio (Ill) nos destinos tetraédrico e octaédrico é que o Cr (Ill) no sítio octaédrico é estabelecido com todos os orbitais meio preenchidos. Assim, o Cr (Ill) inclina-se de forma fiável para o sítio octaédrico e é um espinélio típico [39]. Plano 1.4

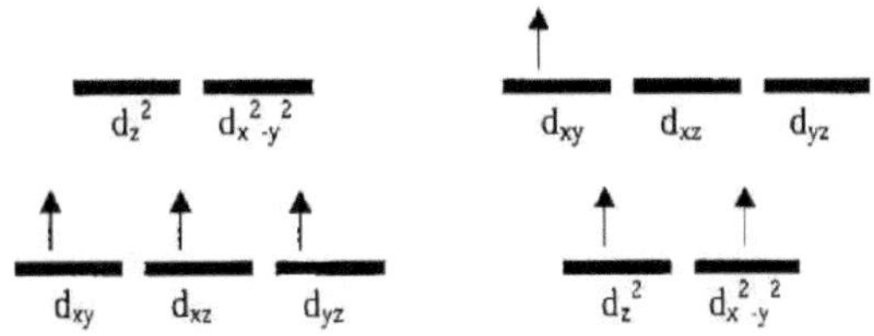

1.7 Espinélio

Os espinélios são misturas de óxidos metálicos com equação geral AB20 4 em que An e B são catiões com estados 2 e 3 envolvendo individualmente os locais tetraédricos e octaédricos de uma exposição cúbica de face focada dos aniões.

1.8 Circunstâncias favoráveis e impedimentos das respostas sustentadas por polímeros

A estratégia de fase forte pode ser considerada como uma inovação moderadamente ecológica, com mais pontos de interesse e maior relevância em comparação com as estratégias de oxidação habituais na fase de arranjo. Atualmente, reconhece-se em grande medida as vantagens de realizar a ciência com base em polímeros ou com reagentes ou impulsos apoiados em polímeros. Os polímeros de ligação cruzada são insolúveis e não previsíveis; são menos odoríferos e não perigosos e são, deste modo, mais ecológicos. Substâncias químicas extremamente perigosas podem ser tornadas inactivas e inócuas através da ligação a um suporte polimérico[40]. A despesa subjacente de um reagente pode ser superior ao custo da transferência de resíduos, no entanto, os pontos de interesse no refinamento dos itens de resposta. A fiabilidade da cremalheira e os resultados potenciais da mecanização de respostas sucessivas superam sem esforço as despesas subjacentes. Têm o potencial de união e teste computorizado utilizando ecrãs fantásticos. Outro ponto de vista preferido é o facto de ser concebível utilizar reagente em excesso para conduzir as respostas à consumação, sem adquirir uma punição no sistema de trabalho. A reatividade de um reagente ou impulso inseguro pode ser enfraquecida quando reforçada num polímero e a atividade destrutiva dos ácidos protónicos pode ser limitada por um epítome poderoso. Da mesma forma, várias mudanças de reatividade concebivelmente vitais podem ser acionadas pela utilização de polímeros funcionalizados. No momento em que o último é cruzado, a colaboração limitada de reuniões práticas pode ser realizada.

Um elevado nível de ligação cruzada, um baixo nível de funcionalização, uma baixa temperatura de resposta e o avanço de cargas electrónicas perto da espinha do polímero potenciam a cooperação que pode ser vista como personificando os estados de arranjo de diluição interminável. [41-42]. Nestas condições, a resposta intermolecular da partícula ligada é evitada e essas acumulações unidas podem ser influenciadas para responder à entomização molecular ou para responder especificamente com um reagente solvente adicional [43]. A estrutura polimérica pode proporcionar seletividade em misturas desequilibradas, quer devido às restrições estéricas impostas pela rede macromolecular, quer devido aos efeitos ecológicos à escala miniaturizada [44-46]. O ponto de vista colossal preferido da estratégia de estágio forte é que ela pode possivelmente orquestrar misturas mais rapidamente do que a mistura natural tradicional [47]. Uma parte essencial das vantagens relacionadas com a união reforçada de polímeros é o relativo desprendimento local-sítio imaginado quando uma porção recetiva é anexada a uma ajuda forte. Numerosos reagentes experimentam respostas irreversíveis a nível intra-molecular. Assim, a comunicação entre os sítios deve ser reduzida para garantir uma recuperação sem esforço do sítio dinâmico. É necessário avançar com novos procedimentos para a investigação de polímeros insolúveis, especialmente se for considerada a combinação em várias etapas de substratos naturais complexos. Estas questões estão a ser testadas, mas as potenciais utilizações de reagentes ligados a polímeros conseguem encorajar os esforços neste domínio.

1.9 Site - site-Interação

Os factores vitais na ligação local-sítio são o empilhamento de reagentes utilitários e a natureza do dissolvível. Na maioria dos reagentes poliméricos examinados, a convergência geral das concentrações de reagentes nos glóbulos é sensivelmente elevada[48]. Por exemplo, com um empilhamento de agregados utilitários reactivos de 1mmol/g num gel delicadamente cruzado que incha no dissolvível de resposta por um fator de 3, a centralização dos agregados receptivos é de 0,33mol/dm3. Com um empilhamento de 0,5mmol/g numa ajuda permeável de escala completa muito cruzada que incha apenas modestamente na resposta dissolvível, a centralização geral das espécies receptivas será de 0,5mmol/dm3, no entanto, no caso de os agrupamentos úteis serem apresentados por alteração sintética de dabs pré-formados, serão encontrados principalmente nos poros e aí a fixação próxima será muito provavelmente em superabundância de 1mmol/dm3. No momento em que são utilizadas cargas superiores a 1mmol/g, as respostas intra-sap podem tornar-se dominantes[49]. Na chance de que seja desejado permitir que espécies de baixa massa sub-atômica em arranjo respondendo com um local sustentado por polímero para lutar adequadamente com respostas entre locais reforçados, o restrito para conseguir isso é utilizar bases de polímero razoavelmente empilhadas suavemente cruzadas que incham amplamente na resposta dissolvível. Isso diminuirá o agrupamento dos destinos sustentados e tornará moderadamente simples para as espécies em resposta a difusão nos pontos. O dissolvível e o microambiente nos pontos permitem que as espécies receptivas de baixa massa atómica se movam nos glóbulos. A expansão do nível de ligação cruzada seria considerada como diminuindo a versatilidade da cadeia e, desta forma, seria um ponto central na diminuição da simplicidade das colaborações site-site. As alterações no empilhamento dos destinos receptivos são consideradas como tendo um impacto crítico, embora menos emocional. Em contraste com o praticamente equivalente às estruturas de resposta em arranjo, os reagentes sustentados por polímeros podem demonstrar seletividade de substrato, ser mais lentos ou mais rápidos, seguir um curso alternativo ou dar um resultado estéreo sintético alternativo.

1.9.1 Conduta de salvação dos polímeros utilitários

A abertura da apresentação de conjuntos utilitários nas bases de polímeros funcionalizados para mudanças de substância [50-51] é um parâmetro essencial para a escolha das suas utilidades. Um dos factores imperativos que influenciam a disponibilidade de conjuntos úteis em polímeros de ligação cruzada é a maravilha do inchaço. O inchaço depende da proporção de ligações cruzadas e da ideia de mistura da coluna vertebral do polímero. O sistema de polímeros de ligação cruzada pode estender-se, absorvendo uma medida impressionante de solventes e tornar-se em grande medida permeável, enquadrando um pseudo gel. No que diz respeito à conduta de salvação, a ajuda deve ter uma espinha boa com os dois solventes e reagentes para apoiar a comparabilidade de cada reunião utilitária como em estrutura homogénea. A proporção de ligações cruzadas é contrariamente correspondente ao nível de inchaço, ou seja, à medida que o nível de ligação cruzada se expande, o inchaço diminui. Os grandes solventes difundem-se rapidamente nos sistemas poliméricos de ligação cruzada, provocando o inchaço. Sabe-se, por escrito, que os alcatrões permeáveis em escala miniaturizada têm porosidade apenas em estado inchado como resultado do inchaço, também chamado de porosidade de gel [52]. À medida que o nível de ligação cruzada diminui, resultam sistemas de gel que compreendem uma grande parte de dissolvível com apenas uma pequena parte de espinha de polímero. A estrutura sintética do polímero pode ser flutuada ao longo de um território mais extenso, tendo em mente o objetivo final de adquirir uma ajuda com uma mistura específica de propriedades.

1.9.2 Propriedades da espinha de polímero

Os polímeros funcionalizados têm vindo a ser cada vez mais utilizados como suporte para a recolha atómica. Os reagentes poliméricos podem ser utilizados para respostas particulares em condições suaves. Isso se deve ao fato de que a conexão cruzada causa um confinamento no movimento translatório dos agrupamentos utilitários ligados e as respostas que utilizam reagentes poliméricos permitem que certas respostas continuem como aqueles em arranjo enfraquecido A idéia da coluna do polímero assume um papel essencial na decisão da reatividade das porções reagentes [53-54]. Um reagente polimérico tem uma reatividade alternativa à dos reagentes tradicionais de baixo peso atómico devido ao impacto de algumas variáveis. As propriedades físicas da ajuda podem ter um efeito sólido na execução do reagente. Para que um polímero possa ser utilizado como auxiliar, deve ter uma solidez mecânica notável nas condições de resposta. Tais propriedades do auxiliar têm um significado mais notável para as respostas de funcionalização e para as utilizações dos polímeros receptivos. As propriedades dos polímeros podem ser ajustadas quer através de respostas sintéticas em conjuntos pendentes, quer através da alteração da ideia física dos polímeros, por exemplo, a sua estrutura física, conduta de salvação e porosidade. Estas propriedades têm um significado incrível para as respostas de funcionalização e para as utilizações inevitáveis dos polímeros receptivos e devem ser consideradas no planeamento de um reagente polimérico. A decisão adequada da estrutura e das propriedades de ajuda e, além disso, as condições de resposta podem resolver os problemas de resposta moderada e rendimentos mais baixos de itens do que em respostas homogéneas. Deve ser conseguido um ajuste entre a solidez mecânica do suporte polimérico e a reatividade. Com os polímeros de ligação cruzada, a versatilidade da cadeia polimérica e, por conseguinte, os conjuntos utilitários receptivos imobilizados são limitados. O grau de ligação cruzada, o transporte de grupos práticos, o grau de inchaço da rede de polímeros e o tipo de polímero utilizado.

1.9.3 Inchaço da almofada de polímero

Um destaque entre as propriedades mais essenciais dos pontos de polímero de ligação cruzada suave para uma combinação de fase forte é a capacidade de inchar no solvente de resposta [55]. O grau de inchaço é resolvido não apenas pelos atributos compostos dos pontos, mas também pelo nível de ligação cruzada. A versatilidade das cadeias poliméricas dependerá da espessura da ligação cruzada, da dissolução, da temperatura, da adaptabilidade das porções da cadeia e do volume livre criado por substituintes circulados ao acaso [56]. A infiltração viável de reagentes ocorre, por assim dizer, em estruturas inchadas. Da mesma forma, na prática, é necessário encontrar um compromisso entre o conforto e a maior disponibilidade de sítios. Para um planeamento frutuoso de novos reagentes de polímeros é vital considerar as propriedades e a parte da ajuda polimérica. A maioria dos reagentes em arranjo precisa de entrar nos dabs e responder numa fase de gel. O inchaço dos polímeros com solventes naturais é uma técnica que permite um melhor acesso aos destinos receptivos do polímero antes da sua utilização. Os polímeros de ligação cruzada inchados são os solventes nos quais são efectuadas respostas naturais de fase forte [57]. A decisão sobre o dissolvível é, por conseguinte, crítica nas respostas apoiadas em polímeros e o melhor dissolvível pode não ser o que está regularmente ligado no plano 1.5

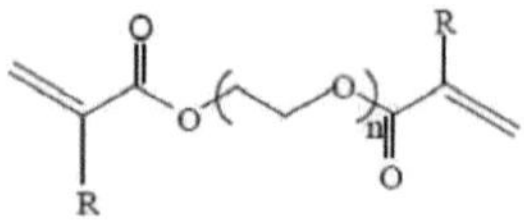

$n = 1, 2, 3, 4; R=H, CH_3$

(a)

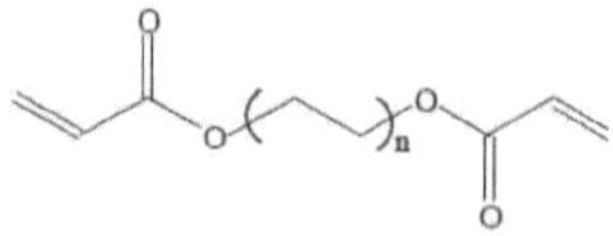

$n = 1, 2, 3, 4$

(b)

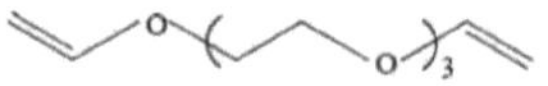

(c)

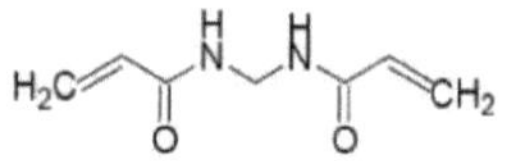

(d)

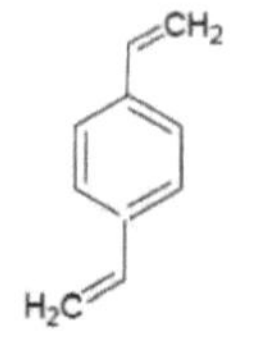

(e)

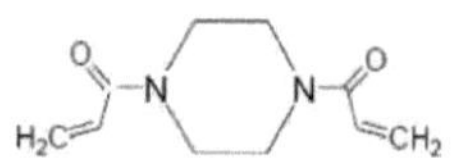

(f)

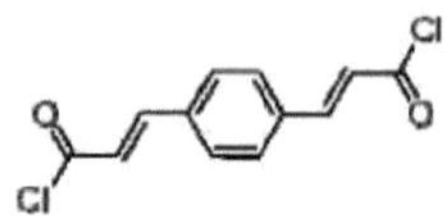

(g)

1.9.4 Funcionalização da almofada de polímero

A ligação de grupos úteis a polímeros é, na maior parte das vezes, o passo inicial para o planeamento de polímeros resistentes, por exemplo, para aplicações biomédicas ou como reagentes de manutenção. Os polímeros funcionalizados podem ser criados através da alteração de compostos de poliestireno, quer em condições tradicionais, quer utilizando a estratégia de catálise de troca de fases. A reunião utilitária recetiva requerida pode ser familiarizada com a ajuda polimérica quer pela

(1) Polimerização do monómero que contém a reunião útil desejada

(2) Alteração sintética do polímero pré-formado. Inúmeros polímeros rectilíneos úteis podem ser criados pela estratégia anterior através de polimerização catiónica, aniónica ou por radiação livre. No entanto, os polímeros de ligação cruzada são mais úteis do que os polímeros rectilíneos. Os polímeros de ligação cruzada podem ser criados em grande forma física [60-61] por

polimensação em suspensão. A técnica mais reconhecida é a modificação por concocção do polímero pré-formado, uma vez que permite um controlo decente do nível de funcionalização da goma. É especialmente apelativa para a preparação de polímeros de ligação cruzada, uma vez que se pode começar com glóbulos de polímero permeável em escala miniaturizada ou permeável em escala real, financeiramente acessíveis, de boa estrutura física e tamanho com um nível conhecido de ligação cruzada e porosidade. O polímero do item tem uma estrutura física indistinguível do primeiro polímero.

1.9.5 Prontidão do ligando reforçado com polímero

Estrutura polimérica

De um modo geral, podem considerar-se dois tipos de redes poliméricas, ou seja, inorgânicas ou naturais. A sílica é o suporte inorgânico mais amplamente utilizado [62]. Entre os polímeros normalmente utilizados como suporte, a celulose tem sido utilizada de forma generalizada. A ciência da celulose como suporte polimérico, as suas propriedades de comércio de partículas e a utilização de celulose quelante para a pré-convergência de componentes seguintes, etc., foram analisadas por Knapp e Lieser [63]. Entre as matrizes naturais fabricadas, podem considerar-se dois tipos de polímeros, ou seja, polímeros de acumulação e polímeros extra, que são amplamente utilizados como suportes ou redes para permutadores de partículas quelantes.

1.9.6 Consolidação do ligando

Existem duas metodologias para a preparação de polímeros utilitários, nomeadamente a polimerização ou a copolimerização de monómeros que conferem a utilidade desejada e a mudança de composição do polímero pré-formado[64]. A abordagem anterior é a mais simples e numerosos polímeros diretos úteis podem ser criados sem problemas por polimerização radical livre, aniónica, catiónica, por co-apontamento ou por troca de aglomerados. No entanto, para a maioria dos fins, os polímeros de ligação cruzada são mais apelativos do que os polímeros diretos. O planeamento de polímeros de ligação cruzada numa estrutura física decente é mais prontamente realizado por polimerização em suspensão. A opção contrastante para coordenar a copolimerização para a preparação de polímeros funcionalizados é a alteração sintética de polímeros pré-formados[65]. Esta estratégia é procurada por outras na perspetiva da forma como o nível de funcionalização pode ser controlado através da flutuação da medida de especialistas em ligações cruzadas e do grau de ajuste em grelhas pré-formadas. A estratégia que inclui a copolimerização de monómeros contendo a utilidade desejada é geralmente utilizada para criar comércio de partículas e sorventes complexantes Os monómeros de vinil são normalmente utilizados e a mistura inclui a polimerização de misturas de vinil contendo feixes quelantes como piridina, 8-hidroxiquinolina, Imidizol carboxílico corrosivo e assim por diante, com misturas de divinil [66-68]. Yeh et al anunciaram a disponibilidade de poliestireno à base de acetil CH3)2CO por polimerização em emulsão coordenada de um vinil benzil acetil CH3)2CO com com estireno utilizando a estrutura de emulsão habitual ou por polimerização em massa utilizando azobisisobutironitrilo como dissolvível e iluminando o monómero por radiação UV. Esta técnica de mistura permite obter sorventes de elevado limite e uma estrutura uniforme do polímero. O ajuste do polímero pré-formado é a técnica mais fácil para a união de uma grande variedade de estruturas ligantes macromoleculares. Esta técnica é utilizada em larga escala para a funcionalização de uma rede de polímeros. O trabalho de ligando necessário é familiarizado com a rede de polímeros por polímeros básicos praticamente equivalentes a respostas naturais O imidazol mantido em copolímeros de estireno divinilbenzeno pode ser criado a partir de copolímeros DVB de estireno clorometilado e os sais de sódio ou lítio de imidazóis utilizando amida de estrutura de dimetilo ou tetra hidro furano como dissolvível. O ligando 2,2'-bipiridina foi efetivamente consolidado em poliestireno através de Card e Neckers [69]de acordo com o Esquema 1.6

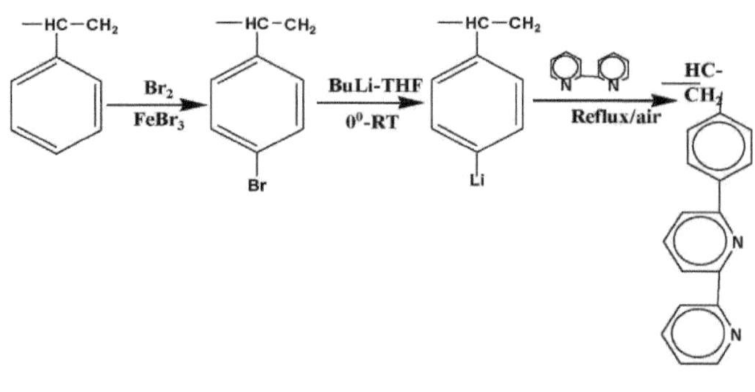

A policondensação é outra técnica imperativa para combinar polímeros com ligandos quelantes. Esta estratégia inclui a copolimerização de certas partículas de ligandos com fenóis e aldeídos. Por exemplo, o ácido antranílico [70], o corrosivo antranílico, o corrosivo daclético, a m-fenilenodiamina [71], a diglicina, o ácido tetra-ácido m-fenilenodiamina [72], etc., podem ser copolimerizados com formaldeído e mono ou polifenóis para misturar polímeros quelantes. O Unicellex UR-50 é um campo comercial de iões quelantes obtido pela copolimerização de N- (o-hidroxibenzil) imidodiacetlc corrosivo com fenol e formaldeído [73]. Recentemente, Patel et al criaram um polímero por acumulação de 2-hidroxi-4-metoxiacetofenona e 1,4-butanodiol.

1.9.7 Mistura de edifícios de polímeros metálicos

No momento em que um ligando polimérico é misturado com um sal metálico ou complexo metálico em condições de resposta razoáveis, é formado um complexo metálico polimérico. Um complexo metálico polimérico é adicionalmente adquirido através da polimerização de um complexo metálico de baixo peso sub-atómico. Seguem-se as técnicas de amálgama de edifícios metálicos poliméricos.

2. Complexação de ligandos poliméricos com complexos metálicos

Este tipo de arranjo complexo é conseguido através da mistura de um polímero contendo capacidades ligantes como amina, cetona, ditiocarbamato, corrosivo carboxílico, tiol, base de schiff, etc., com partículas metálicas ou arranjos de complexos metálicos. A resposta para a maior parte trouxe diferentes tipos de estruturas de co-apontamento como edificações pendentes, entomb e intermoleculares. No ponto em que um metal ou complexo metálico tem apenas um único ligante lábil que é facilmente substituído por um ligante polidentado e quando outros destinos de co-apontamento são inertes à substituição, um complexo pendente monodentado é formado. Plano 1.7

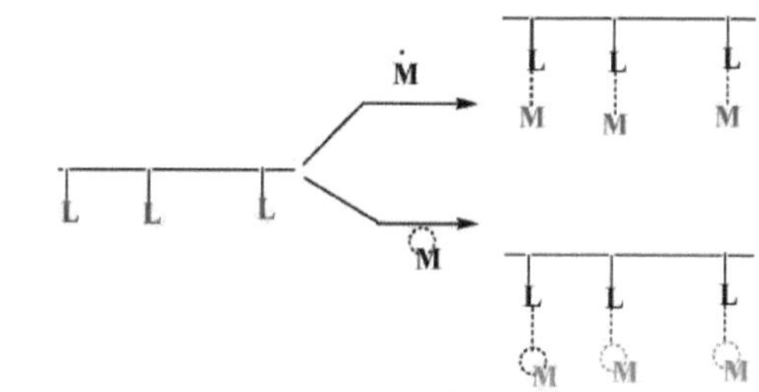

(a)

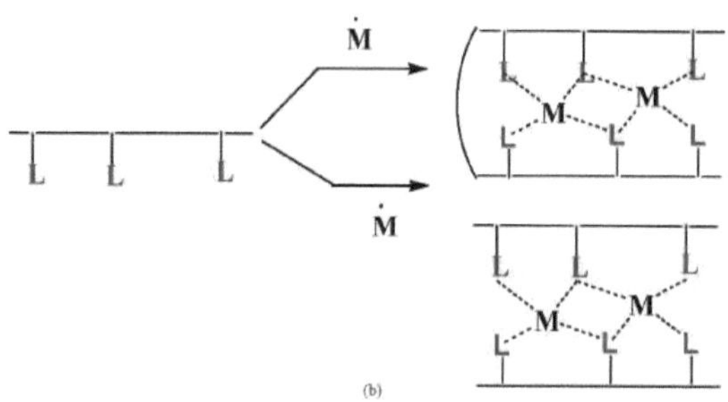

(b)

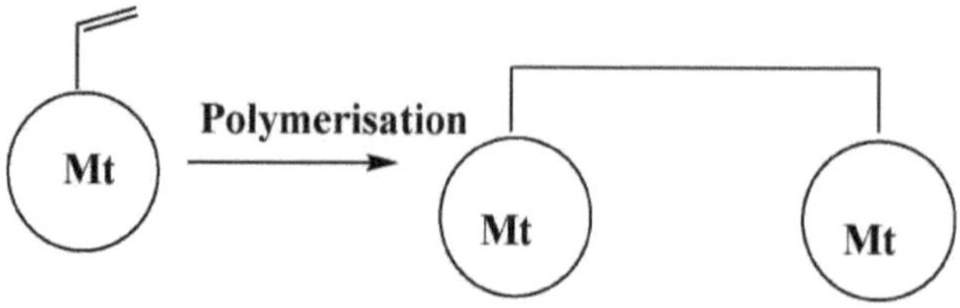

(c)

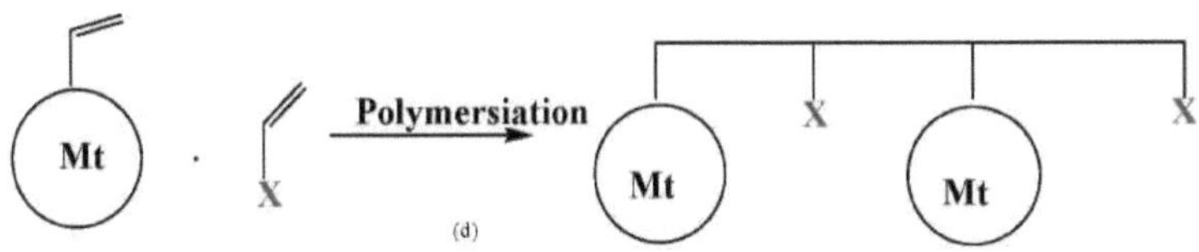

Esquema 1.7 Apresentando diferentes formas de preparação de complexos metálicos de ligandos poliméricos

A catálise é uma área de investigação que continua a ser uma das principais áreas da ciência. Assume um papel fundamental na inovação sintética atual. Existem inúmeras alterações naturais, por exemplo, oxidação, hidrogenação, hidroformilação, carbonilação, polimerização e diferentes respostas de acoplamento. A maior parte destes novos impulsos dependem da sílica, essencialmente porque a sílica apresenta numerosas propriedades interessantes: fiabilidade fenomenal (composta e quente), elevada região de superfície, grande abertura e os agregados naturais podem ser ligados à superfície, para dar focos de reação. Em todo o caso, tem desvantagens: tem uma solidez restrita em condições fluidas particularmente essenciais e não pode, sem grande esforço, ser enquadrada em camadas ou em diferentes estruturas que possam ser ligadas a novos reactores para utilização em aplicações de manuseamento concentrado

2.1 Efeito das ligações cruzadas:

Um polímero funcionalizado é uma macromolécula modificada à qual são anexados grupos utilitários ligados artificialmente, que podem ser usados como reagentes, impulsos, assegurando cachos e assim por diante. A macromolécula pode ser uma variedade animal direta que é solvente ou um grupo animal ligado de forma cruzada, insolúvel mas inchável. A ligação de grupos práticos a polímeros é, de vez em quando, o passo inicial para o planeamento de polímeros de renome, por exemplo, para aplicação biomédica ou como reagentes de manutenção. Os polímeros funcionalizados podem ser criados por mudança de substância do poliestireno, quer em condições clássicas, quer utilizando a catálise de troca de fases. O reagrupamento prático recetivo requerido pode ser familiarizado com a ajuda polimérica, quer pela polimerização do monómero que contém o reagrupamento útil desejado, quer por (2) alteração da mistura do polímero pré-formado. Numerosos polímeros lineares utilitários podem ser criados pela técnica anterior por polimerização catiónica, aniónica ou por radiação livre. Em qualquer caso, os polímeros com ligações cruzadas são mais valiosos do que os lineares. Os polímeros de ligações cruzadas podem ser criados em grande forma física por polimensação em suspensão. A estratégia mais reconhecida é a modificação da substância do polímero pré-formado, uma vez que permite um controlo decente do nível de funcionalização do alcatrão. É especialmente atractiva para a preparação de polímeros reticulados, uma vez que se pode começar com glóbulos de polímeros microporosos ou macroporosos acessíveis monetariamente, de boa estrutura física e tamanho, com um nível conhecido de reticulação e porosidade. O polímero do item tem a mesma estrutura física que o primeiro polímero. Uma grande variedade de suportes inorgânicos'03 foi alterada e é adequada para diferentes aplicações catalíticas e cromatográficas. Seja como for, a sua utilização como reagentes de suporte é limitada devido às suas desvantagens, por exemplo, baixa capacidade de empilhamento, insolubilidade em solventes razoáveis e, além disso, estão sujeitos à decomposição orgânica e de compostos da grelha. A simplicidade da alteração sintética de uma goma e o sucesso da sua aplicação como reagente ou impulso dependem das propriedades físicas do próprio piche. Uma grande parte do trabalho que inclui polímeros úteis foi efectuada em suportes de poliestireno reticulado, uma vez que o poliestireno satisfaz um número significativo de requisitos para um suporte sólido. Apesar da utilização generalizada da estrutura de poliestireno como ajuda, os alcatrões de poli (metacrilato de metilo) (PMMA) têm sido ultimamente preparados e sinteticamente alterados como apoios." Os pontos de PMMA foram criados por técnicas de polimerização em suspensão. O suporte tem a vantagem de ter um carácter polar e, adicionalmente, uma função de fixação de polímeros ou era de uma variedade de encontros utilitários. A cloro-metilação e a bromação são as estratégias mais reconhecidas para o ajuste da substância do poliestireno. A litiação é igualmente utilizada para a modificação química. A clorometilação foi efectuada utilizando éter clorometilmetílico (CMME) e um corrosivo de Lewis, por exemplo, cloridelo estânico' ou cloreto de zinco.''' O poliestireno clorometilado, referido como alcatrão de Merrifield, tem sido amplamente utilizado como auxiliar na união de péptidos e como precursor de vários outros polímeros funcionais, nos quais um substrato é unido à goma por desenraizamento nucleofílico do cloro. 5.49.10s Lindermanetal construiu outra técnica para a era do CMME, utilizando corrosivo metoxiácido. Esta estratégia é excecionalmente protegida, uma vez que fornece CMME sem bis(clorometho methyl)ether, um poderoso agente cancerígeno que é enquadrado juntamente com CMME pela técnica típica. Foi produzida uma técnica posterior para planear a resina clorometilaril utilizando cloreto de metanossulfonilo e a base de Hunig. Trata-se de uma técnica simples e eficaz para a transformação de gomas à base de hidroximetilaril nos seus derivados clorometilados comparativos utilizando cloreto de metano-sulfonilo e a base de Hunig. Os polímeros de poliestireno bromados em anel são, além disso, uma transição extremamente adaptável na preparação de vários outros alcatrões de poliestireno. A técnica normal para a bromação do poliestireno foi produzida por Heitzana envolve a resposta do poliestireno com bromo à vista do ímpeto do cloreto férrico. Foram examinados dois cursos de resposta humana para a litiação de poliestireno dissolvível. A primeira foi uma técnica de bromação-litiação em duas fases criada por A segunda foi a estratégia de litiação imediata criada por Chalk. Destas, a litiação em duas fases é muito provavelmente a técnica de eleição O poliestireno clororetilado assume um papel importante na mistura de péptidos de Merrifield e a investigação da clorometilação e das suas utilizações foi renovada por numerosos especialistas.

3. Caracterização de polímeros funcionais

A estratégia típica para o exame de substâncias ligadas a espécies de baixo peso sub-atómico pode igualmente ser ligada a polímeros simples. Em todo o caso, no caso dos polímeros reticulados, estas técnicas não são mais úteis devido a problemas de solvência. A identificação dos componentes, por exemplo, azoto, fósforo, luz incandescente ou enxofre, deve ser possível por análise natural. Os diferentes grupos funcionais foram reconhecidos subjetivamente pelos testes químicos gerais acessíveis. As técnicas quantitativas mais sólidas são o exame particular de uma recolha utilitária típica. O poliestireno clorometilado pode ser dissecado pela técnica de Volhards alterada. A espetroscopia de infravermelhos é o método mais utilizado, não só para acompanhar as reacções de compostos obtidas em polímeros reticulados, mas também para provas básicas reconhecíveis. A sensibilidade da técnica foi melhorada com a utilização de espectrómetros de infravermelhos com transformada de Founer. Uma das técnicas recentes para a caraterização de polímeros reticulados é a técnica de RMN de alta resolução de estado isolado. O espetro de RMN-C de géis de poliestireno altamente lanosos em CDCI pode ter larguras de linha de <I0 Hz para picos dos grupos funcionais pendentes. A principal vantagem da C-NMR é a ampla dispersão química, em particular; a estrutura dos polímeros reticulados pode frequentemente ser estudada se o sistema estiver inchado. Os grupos reactivos nos grânulos de polímero podem ser determinados por análise microscópica eletrónica de varrimento (SEM). O tamanho, a forma e a superfície dos grânulos podem ser observados a partir destas micrografias. O SEM foi utilizado para a determinação da porosidade caracterizada das resinas de permuta.

3.1 **Pontos focais e restrições das respostas reforçadas**

Presumivelmente, a posição favorável mais imperativa da utilização de um polímero funcionalizado como reagente ou impulso é a simplificação do trabalho, divisão e confinamento do item. Com polímeros reticulados, a filtração básica pode ser utilizada para a separação, sendo possível a mecanização neste caso. A ultrafiltração ou a precipitação específica evacua os polímeros solventes, o que permite utilizar uma grande abundância de reagentes poliméricos, tendo em mente o objetivo final de aumentar a taxa de reacções e os rendimentos, sem causar problemas de partição. Os polímeros de ligação cruzada podem ser limpos sem esforço de reagentes e itens solventes. Isto permite que o reagente polimérico seja utilizado como parte de um processo de segmento ou de agrupamento e pode ser recuperado algumas vezes. A robotização é concebível e a possibilidade de dar respostas em reactores de fluxo à escala comercial. Os polímeros reticulados são insolúveis e não previsíveis. Deste modo, é possível fabricar polímeros inodoros e não tóxicos através da imobilização de substâncias químicas perigosas e malcheirosas em suportes poliméricos insolúveis, tornando as respostas ecologicamente mais adequadas. A polaridade reduzida aumenta o período de utilização do reagente, de modo a que os análogos conservados possam ser guardados em condições normais durante muito tempo. Não obstante estes elementos, várias hipóteses de reatividade concebivelmente vitais podem ser iniciadas pela utilização de um funcionalizado, a que se dá o nome de "efeito de polímero", que pode melhorar a ação do reagente ou impulsionar a segregação do local ou, inesperadamente, por impactos de co-agentes de grupos vizinhos. O polímero funciona como um meio de imobilização para as espécies anexas. A matriz polimérica pode ser escolhida ou cuidadosamente ajustada para proporcionar um microambiente particular que pode diminuir alguma especificidade no local de resposta. A reatividade de um reagente ou catalisador inseguro pode ser enfraquecida quando apoiado numa seiva. Para além destas circunstâncias favoráveis, existem algumas desvantagens naturais com estes reagentes suportados por polímeros. A ligação ou separação do suporte do polímero requer um tempo de reação mais longo e, consequentemente, rendimentos relativamente baixos. Na utilização de polímeros funcionalizados, existe a probabilidade de reacções laterais no próprio polímero. Outra desvantagem é a abertura limitada dos destinos activos. A maior parte dos locais de reação estão dentro de um meio de polímero de ligação cruzada excecionalmente espesso, inchado com uma estrutura dissolvível. No entanto, estes inconvenientes foram ultrapassados a um nível mais notável devido à regenerabilidade e à reciclabilidade destas espécies mantidas.

3.2 Impactos de marca registada da grelha de polímeros nas respostas em fase sólida

Nos primeiros tempos de avanço da técnica suportada por polímeros de fase forte, os polímeros eram vistos apenas como imobilizadores de substratos de baixo peso sub-atómico sem grande impacto no curso e grau das reacções. Em todo o caso, mais tarde, investigações com diferentes reagentes poliméricos revelaram que a ideia da coluna polimérica influencia a energia e o grau de alterações do agrupamento funcional em respostas auxiliadas por polímeros. A autorização da junção funcional a um polímero para dá origem, na maior parte dos casos, a outro reagente com uma estrutura diferente, O nível de reticulação e a ideia de terra do arranjo do gel influenciam a reatividade da mistura do utilitário anexado. Além disso, a matriz polimérica pode fornecer a ideia de um microambiente particular que pode induzir seletividade nas respostas químicas devido a impactos estéricos que emergem da estrutura macromolecular, da espessura da reticulação e da medida dos poros devido aos polímeros reticulados. Pensa-se que os feixes funcionais anexados aos polímeros se encontram num ambiente próximo inesperado em comparação com a sua disposição livre. A reatividade da mistura de um agrupamento utilitário imobilizado é gerida pela sua dispersão e abertura na coluna vertebral do polímero. Os resultados de vários exames mostram que os agrupamentos que englobam os locais dinâmicos podem ter impacto na formação de itens. 0% de impacto microambiental pode alterar as propriedades de reconhecimento iónico dos reagentes agrupados em polímeros. Além disso, influenciam as constantes de ligação de partículas dissolvíveis que colaboram com reagentes suportados por polímeros Os polímeros lineares são solventes em grandes solventes. Seja como for, no caso dos polímeros reticulados, devido à sua insolubilidade, a abertura dos conjuntos práticos é controlada pela dispersão. Por exemplo, nas respostas de expansão de olefinas com dicloroiodato e dibromoiodato de benzilmetilarnónio polimérico, a resposta do estireno é mais rápida do que a do ciclo-hexeno. Os átomos enormes responderam gradualmente. Isto é atribuído às maravilhas da ondulação subatómica. Aqui, os átomos inflexíveis e vastos podem não ser capazes de entrar de forma mais adequada na organização do gel devido ao impedimento de dispersão. Outra ilustração é a oxidação do licor utilizando reagentes de Cr(V1) de isoxazolínio reforçados com poli(metacrilato de metilo).39 Neste caso, as respostas são mais rápidas com o reagente de ligação cruzada NN'MBA quando comparado com os reagentes de ligação cruzada DVB com PMMA. A proximidade do

NNMBA hidrofílico e adaptável à rede do polímero, que diminuiu a natureza inflexível da estrutura e melhorou a propriedade de dilatação, pode ser a explicação para a reatividade alargada das espécies de PMMA com ligações cruzadas de NN'MBA.

4. OXIDAÇÃO CATALÍTICA DE COMPLEXOS DE BASE SHIFF SUPORTADOS POR POLÍMEROS

Introdução:

Química das bases de Schiff

Em 1864, o perito científico alemão Hugo Schiff construiu uma outra classe de misturas naturais [1, 2]. Estes conjuntos de misturas, iminas, são frequentemente designados por bases de Schiff. Os arranjos destas misturas são simples e perspicazes. São formadas pela junção de um composto carbonílico com uma amina, em geral em licor de refluxo. Os ligandos de base de Schiff dinâmicos e planeados são considerados "ligandos favorecidos" por Cozzi [3]. Na verdade, as bases de Schiff podem assentar uma vasta gama de metais em diferentes estados de oxidação, controlando a execução de metais numa variedade substancial de valiosas alterações sinérgicas. Algumas investigações [4-7] demonstraram que a proximidade de uma combinação solitária de electrões numa orbital hibridizada sp2 da partícula de azoto do conjunto azometina é de uma substância impressionante e de um significado natural. Os ligandos que contêm moléculas de azoto hibridizadas sp2, especialmente aqueles em que a partícula N é uma parte da estrutura de cheiro doce, demonstram uma ciência de coordenação extremamente ampla [8-10]. Tendo em conta a relativa facilidade de planeamento, a adaptabilidade da engenharia e a propriedade excecional da ligação C=N, as bases de Schiff são consideradas como fantásticos especialistas em quelação [11-12], particularmente quando uma ligação utilitária como -OH ou -SH está disponível perto da amassa de azometina para formar um anel quelato de cinco ou seis membros com a partícula de metal. Os conhecimentos relativos à prontidão das bases de Schiff e dos seus edifícios metálicos são divulgados no texto. O plano geral de disposição de uma base de Schiff é apresentado na Figura 1.

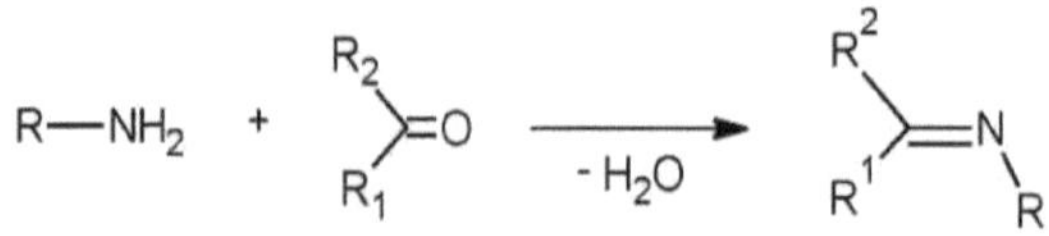

(A)

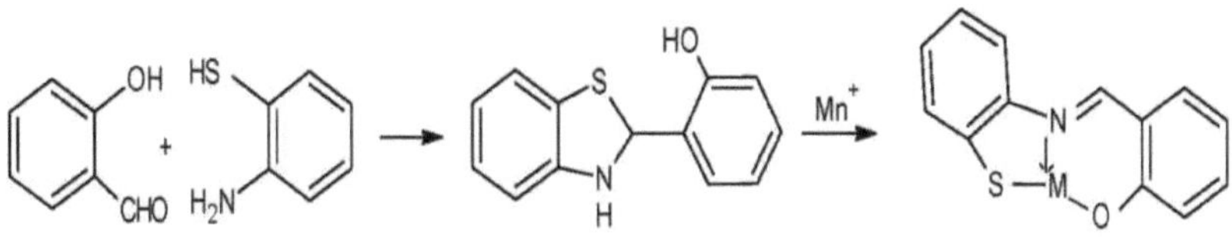

(B)

Fig.1 (A) Esquema da síntese das bases de Schiff
(B) Síntese de bases de Schiff benzotiazolínicas

Tal como os aldeídos, as cetonas estão também prontas para enquadrar ligandos de base de Schiff. Seja como for, os ligandos de base de Schiff com cetonas são moldados menos rapidamente do que os ligandos com aldeídos. As bases de Schiff de aldeídos alifáticos são moderadamente frágeis e rapidamente polimerizáveis [13]. Em 1931, Dubsky e Sokol [14] separaram os edifícios de N-N'-bis (salicilidina-etilenodiamino) de cobre (II) e níquel (II), o que levou ao desenvolvimento de um outro grupo de ligandos denominado salen. Os ligandos salen são regularmente os ligandos de decisão por algumas razões. São multidentados com quatro destinos restritivos que formam edifícios com ou sem locais vazios para potenciais movimentos sinérgicos e enzimáticos. Além disso, a substituição no anel de cheiro doce pode alterar as propriedades electrónicas e estéricas dos edifícios subsequentes. No estudo sobre complexos metálicos de bases de Schiff efectuado por Holm et al., a maior parte das construções aludidas são obtidas a partir do salicilaldeído [6].

Um grande número de ligandos de base de Schiff tetradentados está registado por escrito. A maior parte deles é obtida a partir do salicilaldeído e das 1, 2-diaminas (Figura 2). As bases de Schiff contribuintes ONNO enquadram um grupo de misturas, salen ou salophen, que têm uma grande variedade de utilizações [3]. Do mesmo modo, existe um número considerável de relatórios sobre bases de Schiff tridentadas [15-18]. Estas podem ser de benfeitores ONN, ONS, ONO, NNS ou NNN. Os ligandos tridentados podem afinar o desenvolvimento de complexos e estes edifícios de bases de Schiff descobriram diferentes aplicações em prescrições, por exemplo, operadores antibacterianos, soporíferos de vizinhança, especialistas antivirais e antiespasmódicos [19-20].

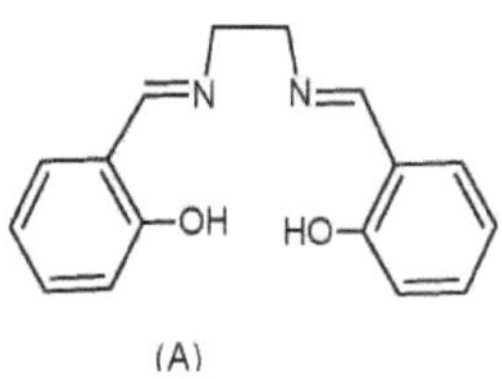

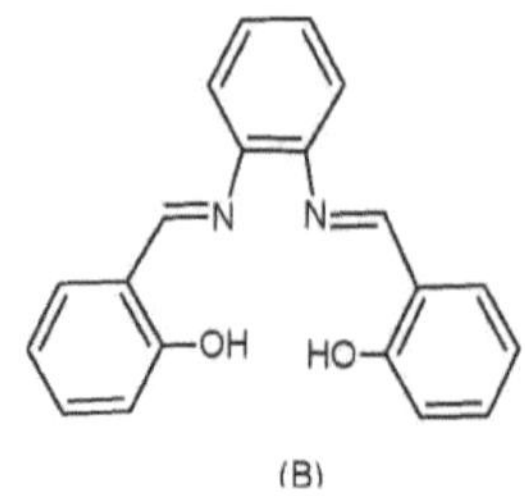

Fig.2 Família de bases de Schiff tetradentadas (A) salen e (B) salophen

As bases de Schiff, que são dadores de ONS, podem apresentar simbiose [22]. A presença do átomo de enxofre macio atenua a rigidez do átomo de oxigénio, o que permite que os ligandos formem um grande número de complexos com diversidade estrutural. A basicidade da base de Schiff também desempenha um papel importante na formação e estabilização dos complexos. Os grupos - OH ou - SH presentes nas bases de Schiff podem induzir automatismo no composto, conduzindo a complexos com diferentes estruturas. Um grande número de complexos de salen apresentam automerismo ceto-enol. Além disso, a desprotonação de grupos tiol, álcool e fenólicos favorece a estabilização de vários estados de oxidação do ião metálico central.

4.1 Aplicações catalíticas das bases de Schiff

I Nos edifícios metálicos de base de Schiff, a terra no foco de coordenação pode ser alterada acrescentando diversos substituintes ao ligando e um âmbito útil de propriedades estéricas e electrónicas básicas para o ajuste da estrutura e da reatividade poderia assim ser dado [23-25]. As bases de Schiff formam edifícios metálicos com metais p e d e estes edifícios têm sido referidos como impulsos profundamente eficazes em diferentes amálgamas e outras respostas úteis [26-30]. Numerosos edifícios de base de Schiff de ruténio e paládio são utilizados como impulso nas combinações de polímeros de valor. A nova catálise desviada de construções metálicas de salen e dos ligandos de base de Schiff relacionados foi analisada por Katsuki [31]. A pesquisa resume a era do cismetalo-salen e dos seus edifícios relacionados, os seus elementos auxiliares e a sua aplicação a combinações desequilibradas. Wang et al. em 1999 anunciaram a oxidação bem sucedida de olefinas utilizando Mn (II) amino corrosivo em edifícios de base de Schiff [32]. Gupta e Sutar avaliaram os exercícios sinérgicos de construções metálicas móveis, tanto simples como com polímeros. Apresentaram a capacidade da mente da base de Schiff como impulso para oxidações, hidrogenações, polimerizações, diferentes respostas de acoplamento e terminações de anéis [33-34]. A heterogeneização de impulsos homogéneos tem vindo a ser considerada pelos físicos devido à melhor seletividade e reciclabilidade dos impulsos. Desde há pouco tempo que se regista um aumento exponencial da quantidade de distribuições em catálise por construções de bases de Schiff reforçadas. Não obstante, a catálise homogénea é mais reactiva e particular.

4.2 Reacções gerais catalisadas por complexos metálicos de base de Schiff

As construções de bases de Schiff têm sido utilizadas como impulsos na redução de cetonas a álcoois [35] e na alquilação de substratos alílicos [36]. Jacobsen et al. descobriram que a abertura enantioselectiva do anel de cicloalcanos expansivos é catalisada por construções quirais de bases de Schiff de cobalto (II) [37] e crómio (III) [38]. Observa-se que a resposta é difícil de ocorrer com reagentes de rotina. Os ligandos binaftílicos são considerados como estruturas adaptáveis para ligandos quirais na ciência de coordenação e metalo-supramolecular [39]. Verifica-se que os edifícios de base de Schiff BINAP catalisam numerosas respostas [40]. A expansão de Michael foi eficazmente concluída na proximidade de edifícios de bases de Schiff quirais salen e edifícios de bases de Schiff BINAP. Uma parte das bases quirais de BINAFTIL de Schiff utilizadas por Zhou et al. é apresentada na Figura 3.

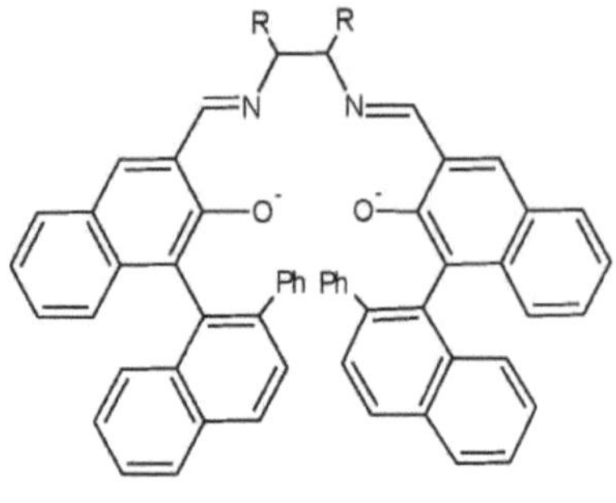

1

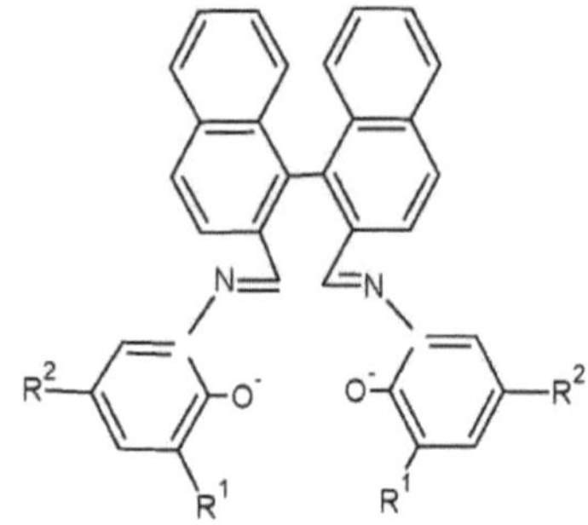

2

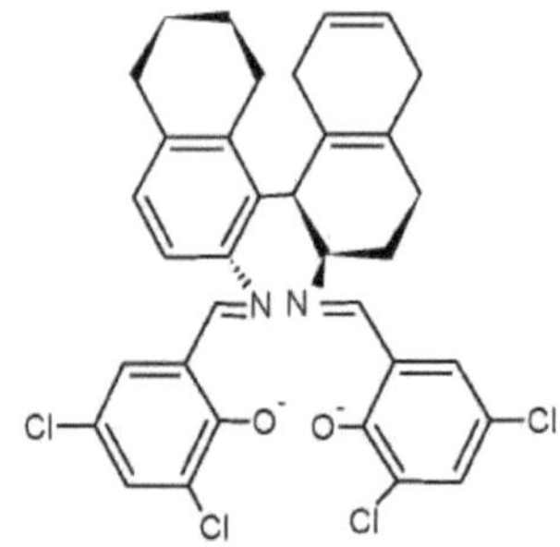

3

Fig. 3 Algumas bases de Schiff de binaftil vulgarmente utilizadas [40]

Os edifícios de base de Schiff demonstraram ação reactiva na carbonilação de álcoois e alcenos de baixo peso para criar corrosivos aril propiónicos e respectivos ésteres [41], que são utilizados como fármacos atenuantes não esteróides. Apesar de monometálicos, os edifícios de base de Schiff bimetálicos demonstram adicionalmente um movimento sinérgico nas respostas de carbonilação. A utilização de edifícios de salen como impulso foi feita pela primeira vez em 1985 por Kochi e colegas. Os edifícios quirais de salen de manganês foram criados pela primeira vez por Jacobsen e Katsuki e são, em geral, conhecidos como o catalisador de Jacobsen. O ímpeto de Jacobsen é o cloreto de (R,R)-N,N'-bis(3,5-di-tert-butilsalicilideno)- 1,2- ciclo-hexanodiamino manganês (III), que é criado através da sedimentação do 1,2-diamino ciclo-hexano como tartarato de ajuste e da resposta com 3,5-di-tert-butil-2-hidroxibenzaldeído na técnica padrão para preparar ligandos de tipo salen. A resposta com derivação de ácido acético de manganês (II) à vista do ar dá o complexo de manganês (III), que pode ser destacado como complexo de cloro por expansão de cloreto de lítio. Estes complexos constituem um impulso eficaz para a epoxidação de cis olefinas. Um desses complexos utilizados por eles e o plano de uma das respostas completadas utilizando este impulso são apresentados no Esquema e na Figura 4A. Concorda-se, na maior parte dos casos, que o impulso de Jacobsen (Figura 4B) é oxidado a um complexo oxo-Mn (V) salen reativo. Este último não foi isolado e retratado, mas são conhecidas espécies relacionadas com outros focos metálicos. O Mn (salen) Cl é mais provável do que não planar; a oxospecie foi hipotetizada como planar, curvada e contorcida (colapsada)

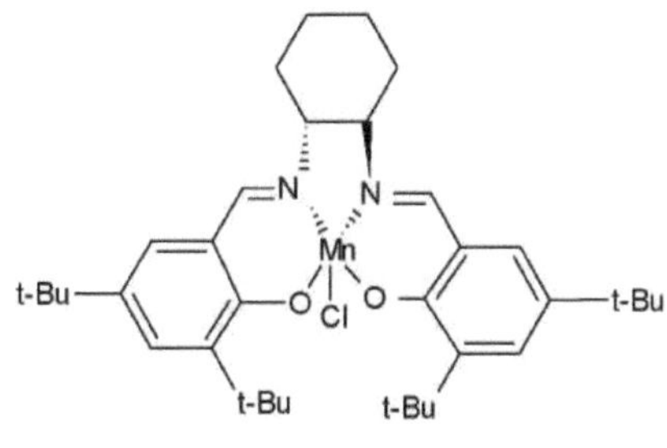

(A)

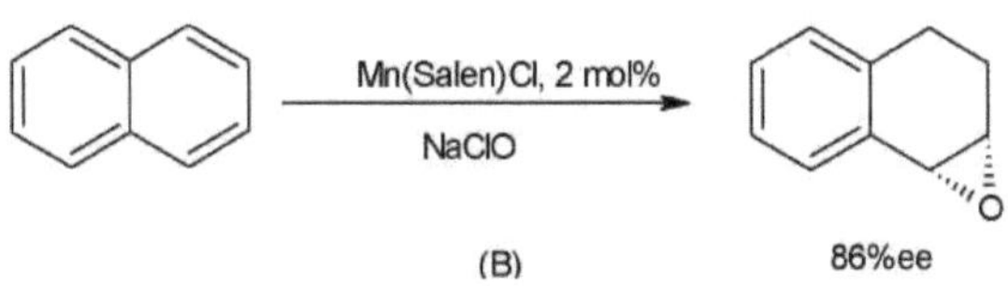

(B)

Fig. 4 (A) Estrutura do catalisador de Jacobsens
(B) Epoxidação estéreo-selectiva catalisada pelo catalisador Jacobsen [41]

Os edifícios de bases de Schiff são utilizados como impulso na resposta de Heck [42]. Normalmente, os edifícios de ligandos fosfénicos são utilizados para catalisar esta resposta. Em todo o caso, em contraste com o fosfeno, as bases de Schiff podem ser preparadas sem grande esforço. Os edifícios de paládio (II) que oferecem ligandos de base de Schiff indicaram uma elevada ação sinérgica na resposta de Heck do que os edifícios de fosfeno utilizados monetariamente [43]. Arellano et al. [44] utilizaram o complexo de paládio (II) de base de Schiff de 2-tert-butil-4-metil-6{(E)- [(2S)- 1-(1-arilmetil) pirrolidinil] imino} metilfenol como impulso para a resposta de Heck. Legros e Bolm [45] revelaram a disponibilidade de um catalisador de ferro tridentado de base de Schiff, preparado in situ a partir de Fe(acac)3, que pode fazer avançar a oxidação enantioselectiva de sulfureto a sulfóxidos. Os complexos de ferro (III) e de cobalto (II) de ligandos de base Schiff de piridina demonstraram uma enorme ação na polimerização do etileno. Estes complexos foram também utilizados eficazmente para a copolimerização de etileno com 1-hexeno [46]. Observaram que os edifícios de base de Schiff de ferro (III) demonstraram maior rendimento e movimento do que os edifícios de cobalto (II). Canali e Sherrington verificaram a utilização de construções salinas metálicas homogéneas e sustentadas na catálise de Chilter kilter [47]. Concentraram-se nos ligandos salen quirais, e especificamente na utilização dos seus edifícios metálicos opticamente não adulterados como impulsos desequilibrados. A ação das metaloporfirinas quirais na amálgama enantiomérica de aziridinas e amidas foi direta [48, 49], mas o movimento foi reforçado com a visão do complexo de manganês (III) da base de Schiff quiral, salen substituído por tetrabromo [50]. O planeamento de ligandos de base de Schiff por acumulação de aminas prontamente acessíveis com aldeídos/cetonas é substancialmente menos exigente quando comparado com os passos prolongados necessários na fusão de ligandos de porfirina. As construções quirais, terc-butil glicinato-benzofenona de níquel (II), difenilmetilenoimino de paládio (II) e (1R, 2R ou 1S,2S-[N,Ng-bis(2g-hidroxibenzilideno)]-1,2-diaminociclohexano cobre (II), aumentaram a enantioselectividade na alquilação de enolatos [51-53]. A isomerização do norbornadieno em quadriciclano foi fundamentalmente catalisada utilizando edifícios de ródio (9, 10-fenantrenoquinona di imina) [54, 55]. Estas interconversões são valiosas para a capacidade de vitalidade baseada na luz solar. A diminuição desigual de dialquil cetonas para álcoois [56, 57] é extremamente difícil de realizar, no entanto, observou-se que os edifícios de base Salen Schiff de metais móveis são impulsos proficientes nestas diminuições [58].Os edifícios de cobalto com ligandos 3oxobutilidenoaminato foram impulsos produtivos para a redução enantioselectiva de boro-hidreto de cetonas, iminas e misturas de carbonilo insaturado J,u para suportar o custo da comparação de álcoois opcionais [59]. As construções quirais de Cr (salen) Cl são utilizadas como impulso na resposta hetero-Diels-Alder [60]. O rendimento do artigo e a enantioselectividade foram afectados pela ideia de impulsos. Estes exames revelam que os edifícios de base de Schiff são potenciais impulsos para influenciar o rendimento e a seletividade em alterações sintéticas.

4.3 Bases de Schiff de biopolímeros (quitosano)

O quitosano é criado pela desacetilação da quitina, um biopolímero notável que ocorre de facto, que é um dos principais constituintes das conchas dos moluscos e é um efeito secundário do negócio da pesca à linha. Mudança de quitosano por mistura. Os usos do quitosano no impulso são críticos. Xia et al. utilizaram a base de Chitosan Schiff do complexo de metal de cobre para a ciclopropanação do estireno. IR parrey et al. utilizaram Chitosan Schiff base de complexo metálico de cobre para a oxidação de álcoois. Taren et al. e colaboradores utilizaram edificações de quitosano com base de Schiff de triflato de cobre(1) e utilizaram-nas em respostas de expansão do Huisgencyclo. Duncan et al orquestraram a base de quitosano Schiff de edifícios metálicos de paládio e utilizaram-nos em respostas de acoplamento Suzuki Heck.

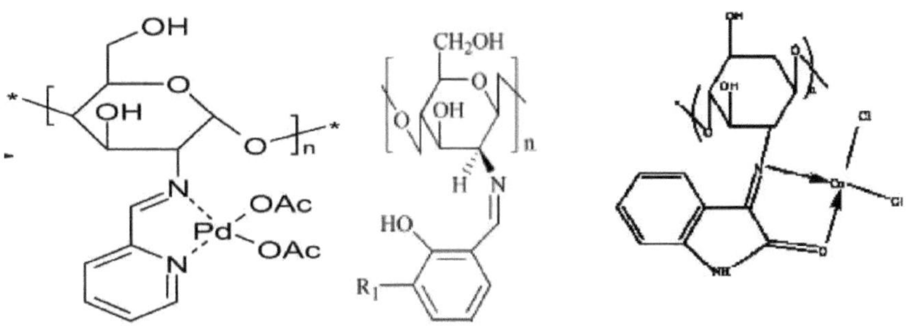

Estruturas que mostram complexos metálicos de base Schiff de quitosano utilizados como catalisadores

4.4 Hidroxilação do fenol

A oxidação do fenol pelo peróxido de hidrogénio (H2O2) é um processo geralmente ligado ao negócio sintético para o planeamento das subsidiárias dihidroxiladas. Este processo de oxidação é frequentemente descrito como ocorrendo através da decomposição do H2O2 com a disposição de um transitório electrofílico instável, que agride o núcleo de fenol para dar uma partícula de fenoxi. Esta partícula pode ser considerada como o precursor dos elementos geralmente formados por este processo: hidroquinona, catecol e benzoquinona. O fenol e as suas subsidiárias encontram-se em águas residuais, incluindo as provenientes de empresas de refinação de petróleo, petroquímicas, de coque e de gaseificação de carvão. A expulsão do fenol dessas águas residuais é um teste essencial para os físicos. Os difenóis, ou seja, o catecol e a hidroquinona, são considerados produtos químicos vitais na ciência moderna. A produção de difenóis através da hidroxilação do fenol com H2O2 como oxidante revelou-se uma das metodologias promissoras no século XXI, uma vez que o procedimento requer os sistemas básicos e proporciona uma contaminação natural mínima. Foi criado um manipulador de reagentes comerciais para a hidroxilação do fenol utilizando peróxido de hidrogénio, que tende a produzir misturas contendo uma parte notável de catecol. Uma divisão notável de hidroquinona foi adicionalmente moldada. A extensão dos resultados da demora foi controlada pela restrição da utilização de baixas proporções molares de peróxido de hidrogénio para fenol; em qualquer caso, definitivamente, isso limita o grau de mudança do fenol e, consequentemente, o rendimento espacial da planta.

Os impulsos que, até à data, foram utilizados na hidroxilação do fenol são peneiras atómicas, misturas heteropolíticas do tipo auxiliar Dawson: molibdovanadofosfato e tungstovanadofosfato, misturas do tipo hidrotalcite de cobre-alumínio e edifícios metálicos. Os impulsos acima especificados têm alguma ação sinérgica na hidroxilação do fenol, mas a resposta necessita de uma apreciação mecânica, tendo em conta o seu rendimento geralmente baixo. Consequentemente, os impulsos com elevado movimento e elevada seletividade tornaram-se um foco imperativo neste campo.

Numerosas construções de bases de Schiff são utilizadas para uma resposta sinérgica à hidroxilação do fenol. As construções de salicilaldimina de cobre (II) têm sido efetivamente utilizadas na hidroxilação do fenol [61]. Van Wyk et al. detalharam a hidroxilação sinérgica do fenol em meio aquoso utilizando edifícios de base de Schiff de cobalto (II) N-(aril) salicilaldimina [62]. Anunciaram o catecol e a hidroquinona como os itens e, a um pH mais elevado, a benzoquinona foi igualmente obtida. Em 2001, Musieet al. anunciaram outra estratégia para a hidroxilação do fenol. Utilizaram dióxido de carbono supercrítico como meio de resposta, que é inativo à oxidação [63]. Os edifícios poliméricos de bases de Schiff de ferro (III) catalisam a hidroxilação do fenol. Devido à insolubilidade do complexo, a resposta é uma resposta sinérgica heterogénea e o catecol é adquirido como o item primário com grande seletividade (78-85%) [63]. A estrutura recomendada para o complexo polimérico de ferro (III) da base de Schiff, 4-(naftaleno-1-iliminometil)-fenol, é apresentada na Figura 5.

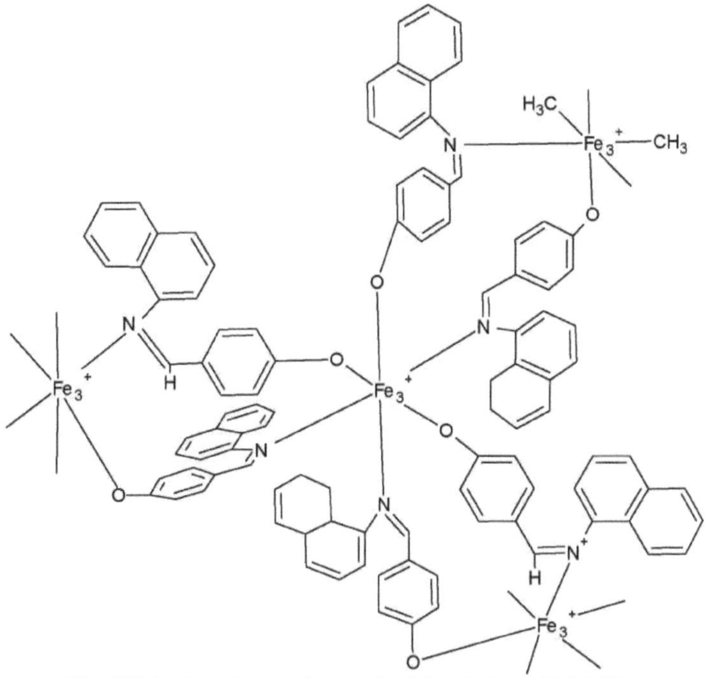

Fig. 5 Estrutura do complexo polimérico de ferro (III) [63]

Zhangetal [64] estudou a oxidação do fenol pelo peróxido de hidrogénio utilizando um complexo de base de Schiff de manganês(II) como uma peroxidase mimética, e o mecanismo proposto é apresentado na Figura 6. O mecanismo de hidroxilação do fenol pode seguir uma via aniónica ou uma via de radicais livres. A reação processa-se através da formação de uma espécie ativa a partir do peróxido de hidrogénio, OOH, que inicialmente forma um intermediário com um ião metálico. Na etapa seguinte, forma-se um novo intermediário, o fenol-metal-OOH. Este intermediário facilita o ataque térmico do OOH- nas posições orto e para do fenol para formar catecol e hidroquinona.

4.5 Oxidação do ciclo-hexano

A oxidação particular de hidrocarbonetos embebidos é um destaque entre os assuntos mais difíceis e promissores na ciência da oxidação. Os cicloalcanos são uma classe sintética essencial de hidrocarbonetos que se encontram nas potências diesel, mosca e gás. A enorme geração mecânica de subsidiárias de ciclohexano - 106 toneladas para cada vez que a ciclohexanona sozinha - tem animado investigações que planejam descobrir condições mais suaves e poupadoras de vitalidade para a oxidação do ciclohexano [65]. A estrutura agora utilizada faz uso de sais solventes de cobalto e manganês como impulsos para a oxidação do ciclohexano pelo oxigénio em ciclohexanol e ciclohexanona. O ciclo-hexanol e a ciclo-hexanona são oxidados pelo corrosivo nítrico para dar o corrosivo adípico (Figura 6). A oxidação da ciclo-hexanona pelo corrosivo nítrico dá origem à era do dióxido de azoto, do óxido nítrico e do óxido nitroso. Os dois primeiros gases podem ser reutilizados para a fusão do corrosivo nítrico. O óxido nitroso, em todo o caso, é um destruidor da camada de ozono e não pode ser reutilizado. A descarga imprevisível de óxido nitroso deste processo é, por conseguinte, motivo de grande preocupação. Uma parte da ciclo-hexanona pode igualmente ser transformada em oxima de comparação e, posteriormente, em caprolactama - o monómero do nylon-6. Os ácidos ftálicos são um dos monómeros para a produção de poliésteres.

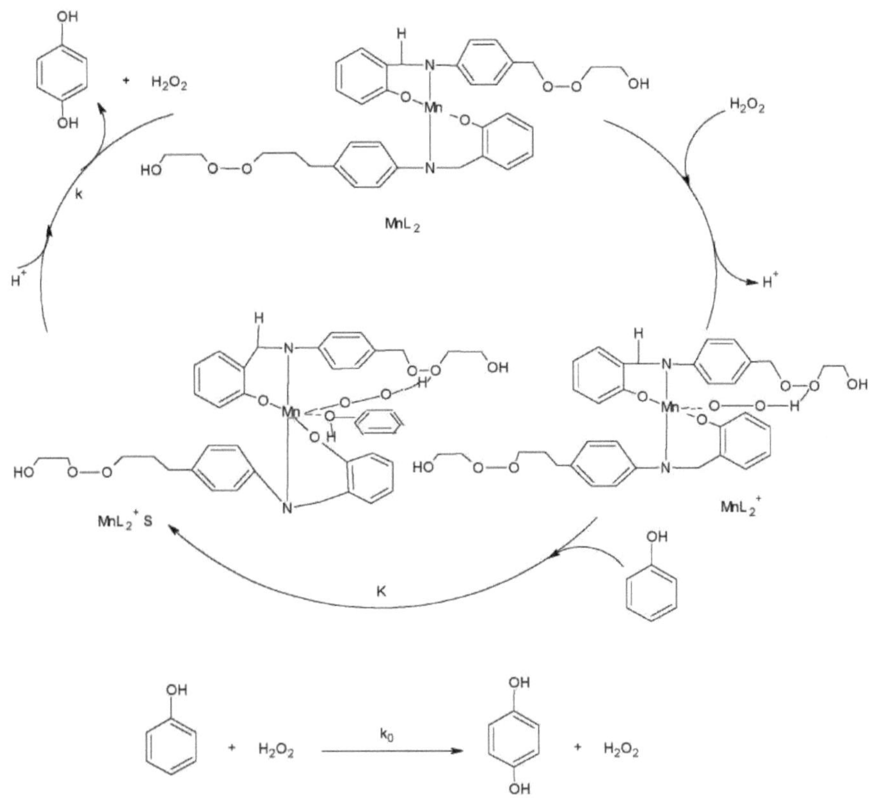

Fig. 6 Mecanismo da oxidação do fenol catalisada pelos complexos de bases de Schiff [64]

A funcionalização de obrigações C-H não activadas do ciclo-hexano requer peso e temperatura elevados, tendo sido criados vários impulsos. Nesta resposta, foram utilizados diferentes operadores oxidantes com oxigénio dinâmico, por exemplo, peróxido de hidrogénio, iodosobenzeno, peróxido de t-butilo e ozono. Solventes (heptanol, 2-metilpropanal, acetaldeído) e cocatalisadores (por exemplo, corrosivo ácido, corrosivo cloroacético, corrosivo trifluoroacético) foram também utilizados para esta resposta.

Imamoto et al. utilizaram edifícios de porfirina como impulso para a oxidação do ciclo-hexano [66]. Zhou et al. utilizaram edifícios metálicos móveis de deuteroporfirinas como impulso. Eles propuseram o componente de resposta, incluindo o desenvolvimento no meio do caminho do dímero p-oxo. Em 2002, Rathnaswamy et al. utilizaram misturas de grupos de cobalto e manganês para a oxidação do ciclo-hexano [67]. Os edifícios metálicos de suporte são adicionalmente utilizados em grande medida para a oxidação do ciclo-hexano. Observou-se que o complexo de Co (II) da base de Schiff obtida a partir do amido di-aldeído (obtido por clivagem oxidativa periódica da ligação C2-C3 no amido) e do licor de amino é um impulso dinâmico e reutilizável para a oxidação do ciclo-hexano com oxigénio. A resposta ocorre sem solventes ou operadores decrescentes e pode ser adquirido um elevado número de rotações do impulso e uma elevada seletividade do produto [68]. Em 2009, Comba et al. [69] propuseram um componente para a oxidação do reagente ciclo-hexano com base em investigações computacionais e de nomeação. Eles utilizaram edifícios de ferro de alto valor e propuseram instrumentos vigorosos e anaeróbicos (Figura 7) para a resposta

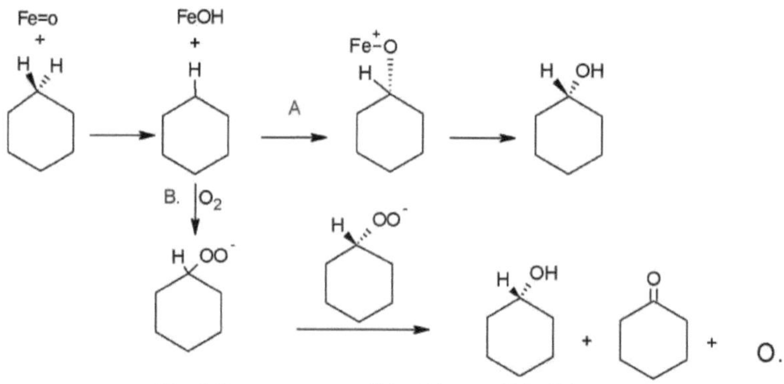

Fig. 7 Percurso anaeróbio (A) e aeróbio (B) para a oxidação do ciclo-hexano com ferryl [69]

4.6 **Oxidação catalítica do álcool benzílico:**

Geralmente, a oxidação do licor de benzilo a benzaldeído é efectuada com medidas estequiométricas de reagentes de crómio (VI). Estes oxidantes são geralmente dispendiosos e criam medidas abundantes de resíduos metálicos avassaladores. Além disso, a resposta é regularmente efectuada em solventes ecologicamente indesejáveis, como os hidrocarbonetos clorados. O peróxido de hidrogénio é um oxidante imaculado em comparação com diferentes oxidantes [70]. Para reduzir a nocividade e o custo dos solventes, foram efectuadas ponderações no sentido de um processo sem dissolventes [71-74]. Verificou-se que os edifícios de cobre (II) [75], manganês (II) [76] e ruténio (II) [77] catalisam a oxidação específica do licor de benzilo a benzaldeído. A oxidação muito particular de álcoois benzílicos a benzaldeído, utilizando manganês dinuclear dinâmico (IV) intrincado como impulso e peróxido de hidrogénio ou hidroperóxido de terc-butilo como oxidante, foi explicada por Feringa et al. [78]. De um ponto de vista financeiro e ecológico, a oxidação sinérgica de licor vigoroso representa uma convenção promissora. [79-81].

Wang et al. [82], em 2007, anunciaram a oxidação particular do licor de benzilo a benzaldeído utilizando um complexo Cr (salen) reforçado. As construções sustentadas indicam grande mudança e seletividade. Kang et al. [83] e Ali et al. [84] utilizaram o movimento reativo hexacianoferrato de zinco nanocúbico para a oxidação livre dissolvível do licor de benzilo utilizando H2O2 como oxidante. A resposta foi obtida sob os estados ideais de parâmetros específicos, por exemplo, a proporção molar de licor de benzila para H2O2, a medida de impulso, o tempo de resposta e a temperatura. Figiel et al. [85] anunciaram a oxidação de álcoois benzílicos a benzaldeídos pelo sistema TEMPO/O2 (TEMPO=2,2,6,6-tetra metil piperidina-1-oxilo), utilizando edificações de cobre (II) etanolamina e a resposta prossegue com uma elevada produtividade (até 99% de rendimento de benzaldeído com >99% de seletividade) e sem necessidade de qualquer dissolvente natural, ou de um fluido iónico. Deste modo, esta resposta apresenta vantagens ecológicas e prudentes em comparação com as estruturas previamente anunciadas para a oxidação do licor de benzilo.

5. OXIDAÇÃO E ESTUDO CINÉTICO DE ALGUNS SUBSTRATOS ALCOÓLICOS E OLEFINAS UTILIZANDO OXIGÉNIO MOLECULAR COMO OXIDANTE

Introdução:

A oxidação de álcoois em aldeídos é uma reação importante e útil nas indústrias química e farmacêutica [86-88]. Foram publicadas várias publicações sobre a oxidação de vários substratos catalisada por complexos de metais de transição suportados em polímeros. É interessante quando se evita a utilização de oxidantes perigosos. Além disso, a utilização de catalisadores suportados é significativa do ponto de vista económico do processo. O objetivo desta investigação é preparar catalisadores que não sejam sensíveis ao ar e à humidade e utilizá-los para a oxidação de álcoois em condições moderadas de temperatura e pressão, utilizando o oxigénio molecular como oxidante. Os complexos de metais de transição suportados em polímeros são amplamente utilizados em catalisadores homogéneos e heterogéneos para as oxidações catalíticas de diferentes alcenos, alcinos, álcoois, halogenetos, fenóis, etc. No passado recente, tem havido um interesse crescente no desenvolvimento de processos ecológicos e amigos do ambiente, que são também economicamente viáveis [89-91]. Os catalisadores homogéneos não são preferidos para exploração industrial quando comparados com os catalisadores heterogéneos convencionais, que são geralmente metais ou óxidos metálicos em estado finamente dividido, que podem ser facilmente separados dos produtos de reação. Além disso, a sua estabilidade térmica é superior à dos catalisadores homogéneos. Isto levou a tentativas de ancorar catalisadores homogéneos a suportes inertes de tal forma que a esfera ligante do metal se mantém inalterada e o catalisador ancorado é banhado pelo solvente e pelos reagentes. [92-94]. Entre os polímeros orgânicos, o poliestireno é o polímero mais utilizado [95]. Sendo inerte, o poliestireno pode ser facilmente modificado através da incorporação de grupos funcionais [96-98]. A oxidação de álcoois utilizando peróxido como oxidante na presença de complexos metálicos de poliestireno como catalisador é útil, uma vez que se formam vários intermediários orgânicos e produtos contendo oxigénio [99]. No presente trabalho, a síntese do complexo metálico de poliestireno divinilbenzeno DMG foi efectuada com êxito. Além disso, foi efectuado um estudo preliminar dos factores que afectam a oxidação catalítica de substratos alcoólicos, utilizando como oxidante o terc-butil-properóxido.

5.1 EXPIREMENTAL

Materiais e métodos:

6% de esferas esféricas de resina de permuta iónica de aniões de poliestireno recebidas de Mumbai, Índia. Todos os

Os produtos químicos eram de qualidade superior e foram utilizados sem qualquer outra purificação. Cloreto metálico

$CuCl_2.2H_2O$ e ácido etilenodiaminotetracético e metanol foram adquiridos a E. Merck, Mumbai, Índia. O oxigénio comercial utilizado para a oxidação foi purificado passando por uma gaze de cobre mantida a 250°C. A análise elementar foi determinada por um analisador elementar Vario EL. Os espectros FT-IR para a deteção de grupos funcionais foram registados utilizando uma palete de KBr com uma gama de 4000-400 cm^{-1}. Modelo Perkin Elmer 1750. Os pontos de fusão para registar o ponto de fusão do complexo foram determinados utilizando o instrumento Veego (modelo REC-2203882). SEM modal Hitachi 4700 retirado do IIT madras. A análise do produto foi efectuada em karakudi Tamil nadu utilizando o modelo HP6890 GC-MS. A área de superfície do polímero foi recolhida em Jamia Millia Islamia utilizando BET (modelo Carboarba).

5.2 Síntese de ligandos suportados por polímeros:

4 g de esferas de resinas de permuta aniónica de poliestireno foram deixadas a inchar em 25 ml de dioxano durante 1 hora. No copo, uma solução aquosa de 2 g de DMG foi dissolvida em 25 ml de água aquosa. Ambas as soluções foram refluxadas durante 24 horas a 80°C. A solução foi arrefecida e mantida durante 3 dias com agitação irregular. A cor dos grânulos de resina mudou, indicando a fixação do DMG. Por fim, a solução é filtrada, lavada com metanol e depois com acetona e o produto rende 6g.

Síntese de complexos metálicos poliméricos.

4 g de pérolas poliméricas de permuta aniónica foram mantidas em contacto com etanol (25 mL) durante 45 min. Noutro copo, 4 g de sal de cobre foram dissolvidos em 25 ml de solução de etanol. Ambas as soluções foram misturadas e agitadas suavemente a uma velocidade constante durante 24 horas a 80°C (Figura 2.1) [100]. A mudança da cor da solução de laranja para amarelo pálido e

castanho claro indica a formação do complexo metálico. A solução resultante foi filtrada, lavada cuidadosamente com etanol e metanol para assegurar a remoção de qualquer sal metálico não reagido e seca durante 3 horas a 50°C. Finalmente, os grânulos de polímero ligados ao DMG foram filtrados, lavados com água quente seguida de etanol e secos sob vácuo a 80°C durante 24 horas para obter 3 g de produto. Figura 4.1

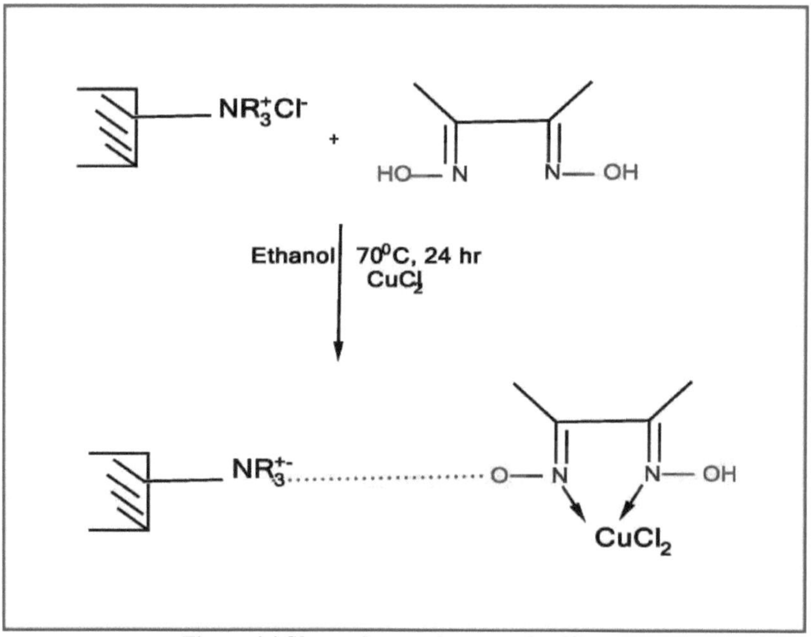

Figura 4.1 Síntese do complexo metal polímero

5.3 RESULTADOS E DISCUSSÃO

Propriedade física do complexo metal polímero

Algumas das propriedades físicas importantes destes catalisadores suportados em polímeros foram medidos e os dados compilados no quadro 4.1

Tabela 4.1 Propriedades físicas do complexo metálico suportado por polímeros

Sample	Surface area ($m^2 g^{-1}$)	Bulk density (gcm^{-3})	Pore volume ($cm^3 g^{-1}$)
6%Poly(S-DVB)CH_2Cl	40.00	0.39	0.30
Cu	35.2	0.44	0.21

Análise elementar de complexos metálicos de polímeros

A análise elementar do catalisador de polímeros metálicos mostra uma diminuição da quantidade de C, H e Cl, mas um aumento da quantidade de N com a incorporação do ligando DMG). A introdução de metal resulta na diminuição da quantidade de C e na diminuição da quantidade de H. Tabela 4.2.

Tabela 4.2 Dados analíticos do complexo metálico de suporte polimérico

Sample	C (%)	H (%)	N (%)	Cu (%)
6%Poly(S-DVB)CH_2Cl	78.38	8.62	-	-
6%Poly(S-DVB)DMG	70.22	6.80	3.33	0.93
Cu	65.5	5.80	n.d	1.75

Espectro de IV do complexo metal polímero:

Os espectros de infravermelhos do complexo de polímeros metálicos mostram as seguintes bandas. A banda a 1220 cm^{-1} corresponde ao grupo clorometilado do poliestireno. A banda da oxima ocorre a 1650 cm^{-1} e a banda N-Cu ocorre a cerca de 450cm^{-1}-500 cm^{-1}. Os espectros de IV dos catalisadores de suportes poliméricos são apresentados na Figura 4.2

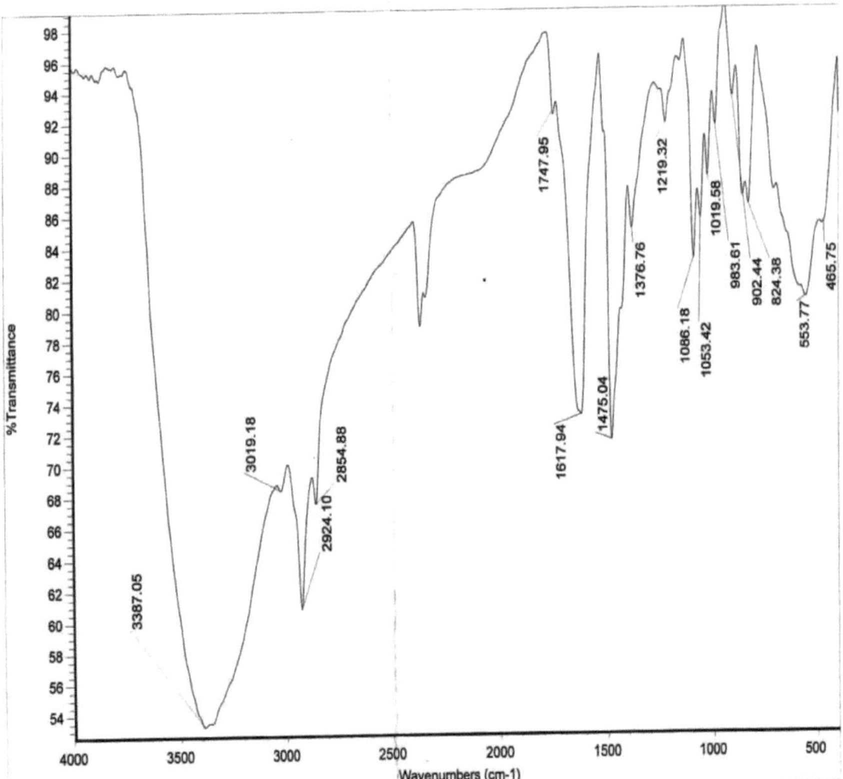

Figura 4.3 Espectros FT-IR dos complexos metálicos poliméricos

Microscópio de varrimento de alta resolução:

As imagens HR SEM do polímero mostram superfícies puras e lisas mas, após a adição do ligando, a suavidade não se mantém, pelo que as superfícies se tornam cada vez mais ásperas após cada adição. A rugosidade das superfícies confirma a ligação do ligando ao metal. Figura 4.3

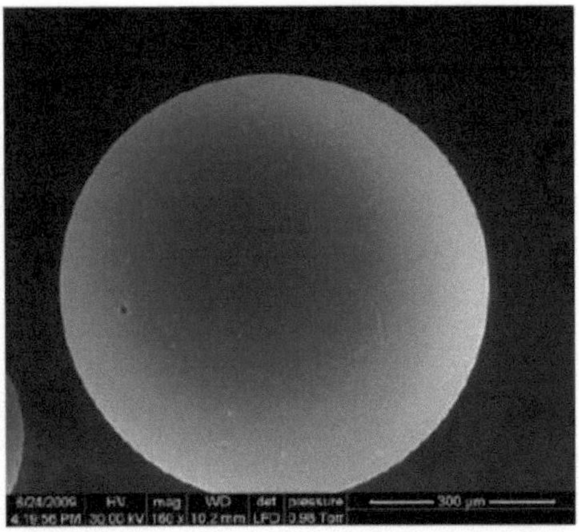

(a)

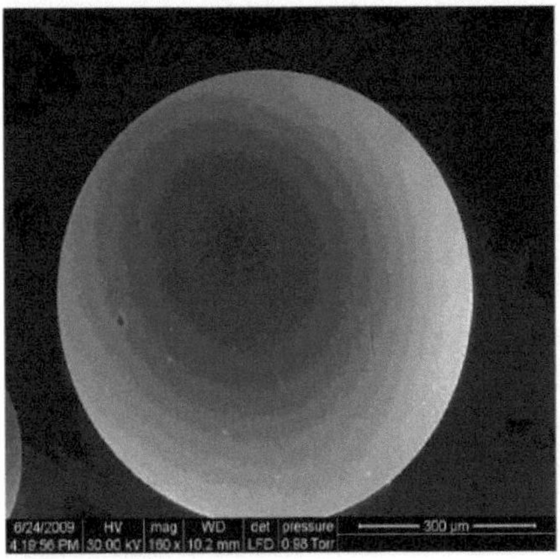

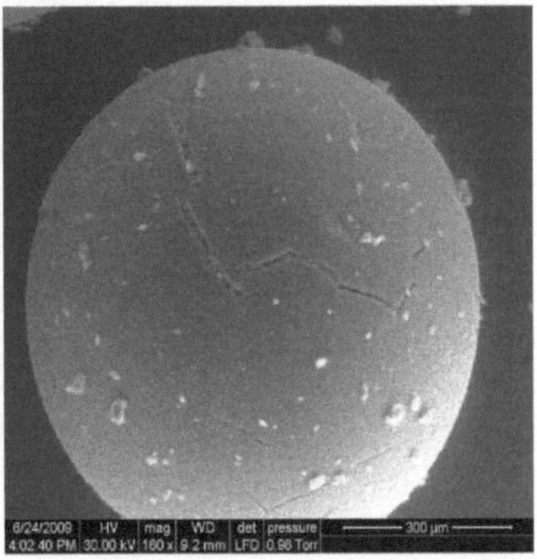

(b) (C)

Figura 4.3 Imagens SEM de (A) poliestireno (B) poliestireno DMG (C) complexo de poliestireno DMG Cu(II)

Raios X de dispersão de energia

Os raios X de dispersão de energia mostram o teor de metal ao longo de C e O, sugerindo a formação de complexos metálicos com o ligando ancorado em vários locais.Figura 4.4.

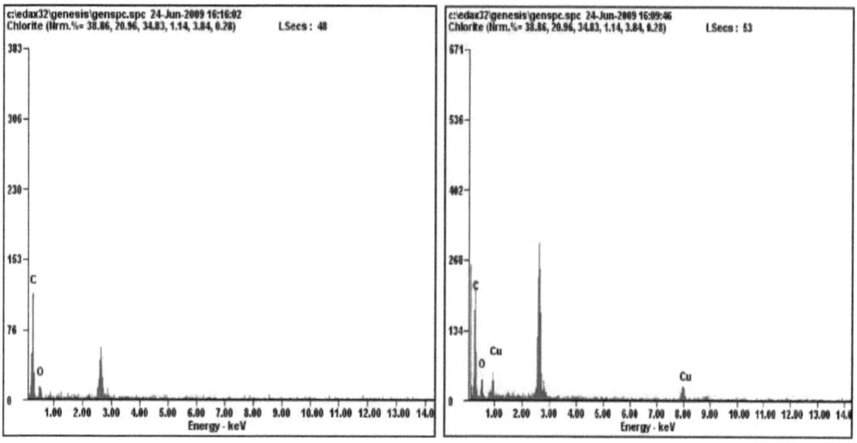

Figura 4.4 Diagrama de raios X por dispersão de energia de (A) poli(S-DVB) (B) Complexo poli(S-DVB-DMG-Cu)

Reação de oxidação catalítica

A oxidação catalítica foi efectuada com o mesmo procedimento discutido no capítulo 2. Foram utilizados três substratos alcoólicos para a reação de oxidação. O álcool benzílico dá o rendimento máximo do produto Tabela 4.3

Tabela 4.3 Oxidação catalítica de diferentes substratos alcoólicos

Catalyst	substrate	Time (hr)	Conversion (%) Alcohols into aldehyde and carboxylic acids	Selectivity (%)
Poly[S-DVB-DMG Cu]	2-Propanol	2	46/32	28
		3	42/40	33
	2-Butanol	2	50/50	25
		3	42/44	28
	Benzyl alcohol	2	52/35	34
		3	55/32	42

Condições: 150mg de catalisador, 5mmol de álcool,1atm o_2*, 10 ml de acetonitrilo, temperatura 70°c, tempo 2 e 3 horas.*

Efeito da temperatura

Estudar o efeito de vários parâmetros na oxidação catalítica de álcoois. Um estudo sistemático sobre a oxidação de 1-butanol, 1-propanol, 1-hexanol, álcool benzílico como substratos, utilizando um complexo de Cu (II) suportado por polímeros e oxigénio molecular como oxidante. Os resultados mostram claramente o efeito da temperatura no rendimento. A experiência em branco mostra que não ocorre qualquer reação na ausência de oxidante [101-102].

Efeito do catalisador

A atividade catalítica do Cu(II) suportado por polímeros foi comparada utilizando diferentes quantidades de catalisador (30mg-120mg) a 50°C e durante 6 horas na ausência de solvente. O rendimento do produto aumenta com o aumento da quantidade de catalisador e é máximo com uma quantidade de catalisador de 90 mg. Um aumento adicional da quantidade de catalisador resulta numa diminuição do rendimento do produto. Também foram registados resultados semelhantes. [Uma explicação pode ser o facto de a quantidade excessiva de catalisador provocar uma decomposição demasiado rápida do oxidante antes de oxidar o substrato. Além disso, observou-se que a agitação é difícil quando se utiliza uma grande quantidade de catalisador.

Efeito do solvente

As reacções de oxidação de álcoois (1mmol) TBHP como oxidante a 50 C mantendo outros parâmetros constantes. A oxidação foi efectuada com alguns solventes polares e não polares [104]. Um bom solvente para a reação de oxidação é aquele que apresenta melhor estabilidade e solubilidade no substrato e no solvente. O rendimento quantitativo é demonstrado por solventes polares em comparação com solventes não polares Tabela 4.4

Tabela 4.4 Efeito do solvente

Solvents	6%poly(S-DVB)CH_2Cl	Cu
DMF	2.00	2.20
Acetic acid	1.20	1.30
Dichloromethane	1.16	1.10
Diethyl ether	1.10	1.25
Chloroform	1.03	1.05
Water	1.30	1.80
Pentane	0.88	0.99

Reutilização do complexo poli [S-DMG -Cu].

O polímero pode ser utilizado até quatro ciclos repetidos, após o que se regista uma diminuição progressiva do rendimento [105]. A principal razão para isso é a lixiviação do metal. Tabela 4.5

O quadro 4.5 mostra a possibilidade de reutilização do catalisador

Cycle No	Aldehyde (yield %)
1	42.0
2	37.0
3	31.0
4	27.0

6. OXIDAÇÃO CATALÍTICA DE COMPLEXOS DE TIAZÓIS SUPORTADOS POR POLÍMEROS

Introdução:

Os tiazóis que contêm o grupo funcional (-N=C-S) são a classe mais importante de compostos orgânicos amplamente utilizados como antipsicóticos e antibacterianos. Os derivados aminados do tiazol desempenham um papel vital na atividade farmacêutica e biológica[106-109]. Os aminotiazóis são também utilizados como fungicidas, antimicrobianos, antituberculose, anticancerígenos e anti-inflamatórios [110-111]. A estrutura de algumas moléculas de fármacos citadas é ilustrada na Figura 5.1.

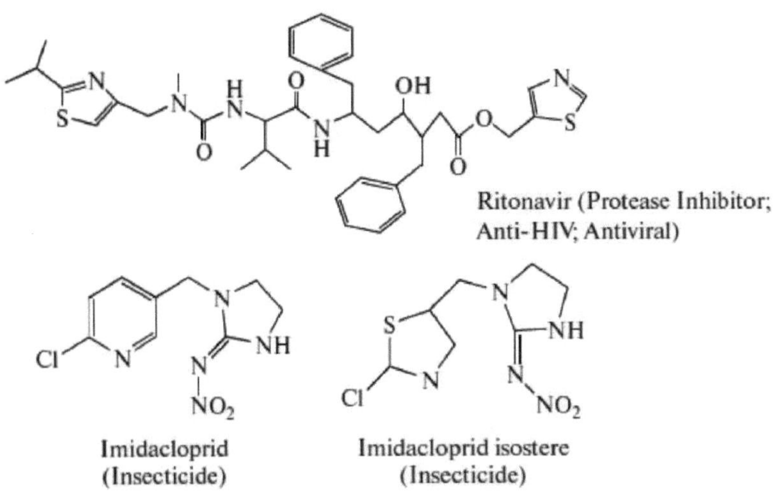

Figura 5.1 Alguns dos medicamentos conhecidos como thazol vulgarmente utilizados

Os tiazóis que contêm mais anéis ou que têm mais grupos ligados apresentam caraterísticas farmacológicas, tais como estabilidade relativa e facilidade de obtenção de materiais de base, unidade biocida incorporada, solubilidade lipídica melhorada com hidrofilicidade, metabolismo fácil dos compostos [112]. Os primeiros derivados do diazol foram produzidos no século XIX por Hantzsch, Hubacher, Trumann, Miolatti, Tcherniac e Gabriel. A piridina e os tiazóis constituíram rapidamente uma classe importante da química heterocíclica[113], tanto do ponto de vista da investigação inicial como do ponto de vista prático. Estes derivados são importantes do ponto de vista farmacológico, além de que a composição destes derivados está também presente em certas vitaminas, como a vitamina B1 (tiamina) e nas penicilinas. Os tiazóis reduzidos são utilizados no estudo dos polipéptidos e das proteínas. Os tizóis têm grande importância biológica, por exemplo, as luciferinas dos pirilampos e os antibióticos bacitracina A e tiostreptão. Alguns derivados amino de compostos de tizol são utilizados como fungicida, inseticida e bactericida.

Neste capítulo, estudamos a atividade catalítica do complexo metálico de quitosano de tizol na reação de oxidação. Também discutimos os factores que afectam a atividade catalítica.

6.1 EXPIREMENTAL

Materiais

O pó de quitosano foi obtido da Hi- media chemical company India. A purificação do pó foi efectuada por dissolução de 0,5 g de pó de quitosano em 1 litro de solução de ácido acético 0,5 $molL^{-1}$. O ligando aldeído foi adquirido à Merck-India. Os solventes, como o metanol, o etanol, etc., e os produtos químicos foram todos obtidos na Merck-India. Todas as reacções químicas foram realizadas em condições aeróbias. As percentagens de carbono, hidrogénio e azoto foram analisadas utilizando o analisador elementar modelo Carlo Erba 1108. Os espectros FT-IR dos complexos poliméricos foram registados utilizando o espetrómetro Perkin Elmer. O espetro de massa foi registado com uma fonte de micro massa ESI -MS modelo Q-TOF. A análise termogravimétrica foi registada com o EXSTAR 6000, cuja temperatura varia entre 50°C e 800 °C, numa atmosfera de azoto, tendo a alumina como padrão de referência. A difração de raios X em pó foi realizada utilizando um difratómetro de raios X (XPERT PAN) pro analytical, National Physical Laboratory New Delhi) para identificação de fases. As análises de vários produtos líquidos obtidos nas reacções de oxidação catalítica de complexos de polímeros metálicos em diferentes solventes foram efectuadas utilizando a cromatografia gasosa Hewlett-Packard (HP 6890) com um detetor FID, contendo uma coluna capilar (HP-5), com uma temperatura de forno programada entre 50 e 200 °C e uma taxa baixa de 0,5 $cm^3 min^{-1}$ de N_2 como gás de arrastamento".

Síntese de L (ligando MBT de quitosano)

Dissolveu-se o quitosano (1 g) em ácido acético diluído (2%) e agitou-se durante 4 horas. Em seguida, adicionou-se a solução metanólica de Mercaptobenzotiazol (5 mmol) num balão de um só gargalo e agitou-se continuamente durante 15 horas a 40°C. A suspensão amarelada resultante foi filtrada e lavada cuidadosamente com metanol e éter. O produto purificado foi seco sob vácuo a 50 °C durante 1 hora.

Síntese de Cu-L (complexo metálico MBT)

Síntese do Cu-L (Complexo Metálico MBT)5 mmol de quitosano mercaptobenzotiazol foi adicionado a 5 mmol de CuCl2-2H2O num balão e toda a solução foi agitada magneticamente durante 12 horas a 40_C. O complexo verde-claro resultante foi lavado e seco sob vácuo durante 30 min (Figura 5.2).13FT-IR (cm-1) (KBr Pellet), 3300 (OH), 1450 e 1360 (OH e deformação NH), 2500-2600 (alongamento S-H) e 1650 (vibração C N). ESI-MS (m/z): 662,9(M + 3H+), 494,8 (M-MBT + 2H+) 261 (M-Chitosan-MBT-Cl2+3H+) 394,9(M-MBT-Cl2-2H2O+5H+). XRD do pó: 29 = 24 e tamanho de grão D = 7,89 nm.

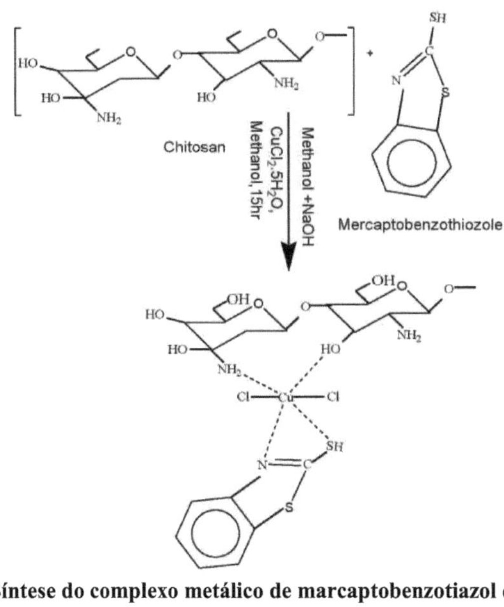

Figura 5.2 Síntese do complexo metálico de marcaptobenzotiazol quitosano cu(II)

RESULTADOS E DISCUSSÃO

A partir do estudo FT-IR, os picos caraterísticos na gama de 2500-2600 cm^{-1} são atribuídos ao estiramento S-H do marceptobenzotiazol [9] e o pico em. A vibração de estiramento C-N ocorre a 1642 cm^{-1}. Os cálculos da teoria do funcional da densidade conferem que a frequência de estiramento C no espetro de IV do MBT pode variar após a adsorção de Cu(II). Estas alterações aparecem reflectindo novos picos a 889 cm^{-1}, 1639 cm^{-1}, e 3346 cm^{-1} Figura 5.3.

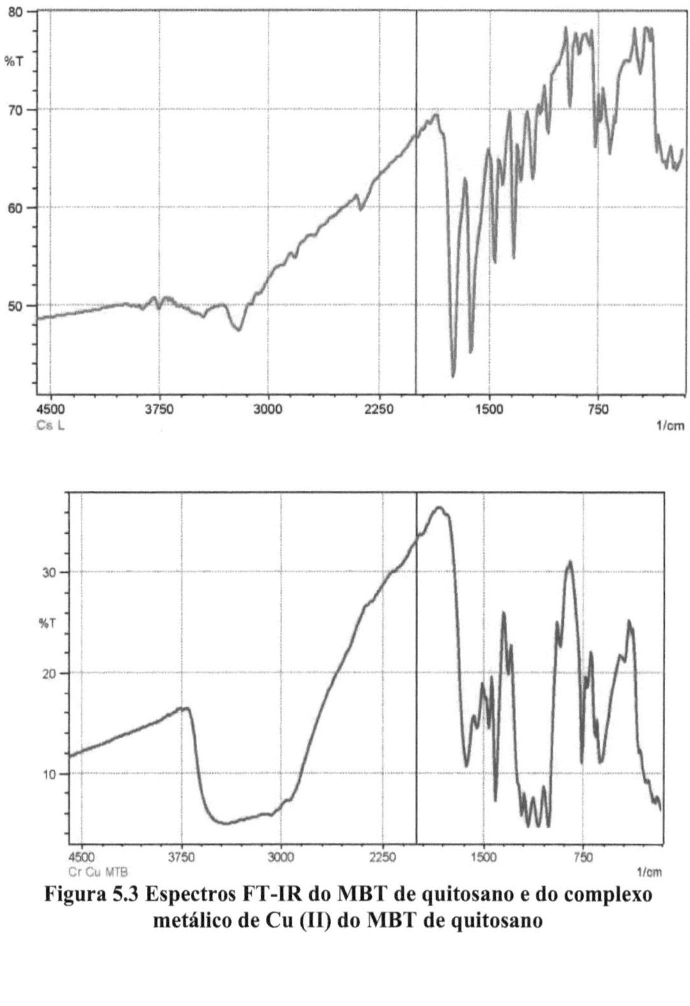

Figura 5.3 Espectros FT-IR do MBT de quitosano e do complexo metálico de Cu (II) do MBT de quitosano

Espectros de massa de ionização por pulverização de electrões (ESI-MS)

A estrutura proposta para o complexo metal ligante polimérico mostra o pico a m/z 662,9 que corresponde à fração de massa atómica m/z 659,6. O pico de base a m/z 261 corresponde à perda da fração (M-ChitosanMBTCl_2) de massa atómica m/z 264, o que sugere a remoção do fragmento de duas moléculas de cloro do complexo metal ligante. Outro pico em m/z a 394,9 corresponde à perda da fração (M-MBTCl_2-2H_2O+5H_2O) de m/z 391.Figura

5 .4

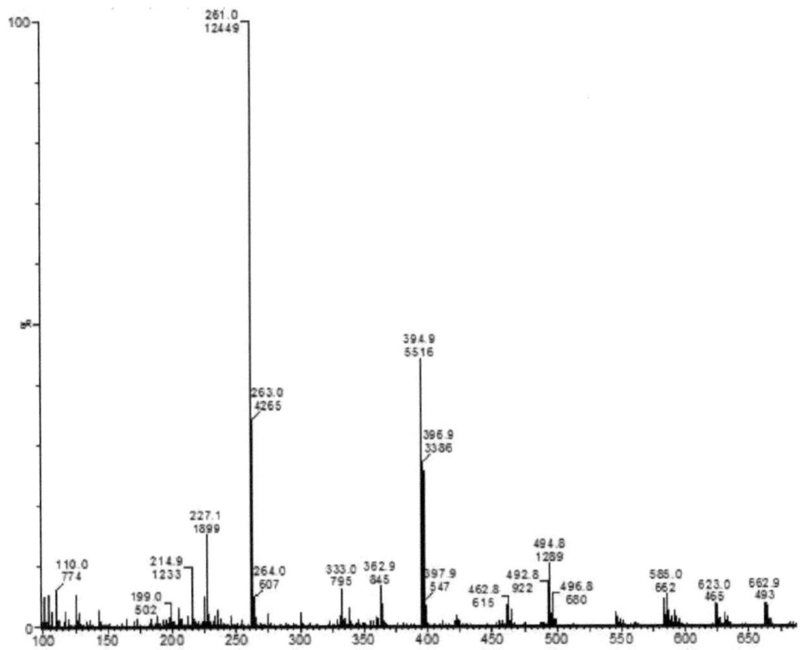

Figura 5.4 Espectro de massa do complexo Cu (II) MBT de quitosano

Difração de raios X em pó

Os dados de XRD do pó mostram os vários padrões. O tamanho cristalino do complexo é calculado pela equação de Debye Scherer [10]. O tamanho médio dos complexos de cobre MBT de quitosano foi de ~7,8 nm (Figura 5.5).

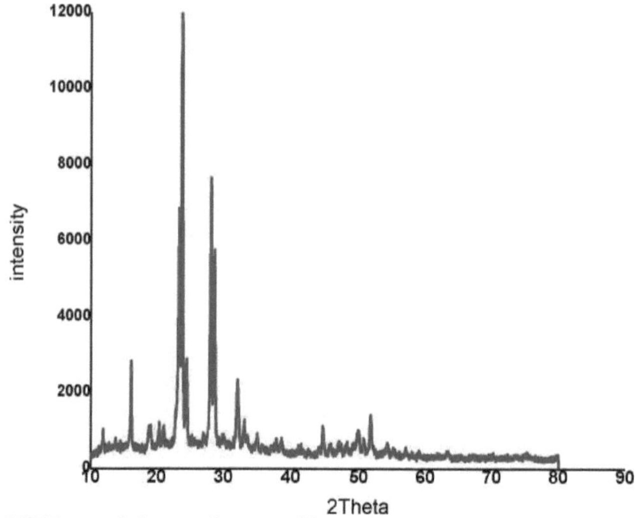

Figura 5.5 XRD em pó do complexo metálico quitosano-marceptobenzotiazol-Cu(II)

Reacções de oxidação catalítica

A reação de oxidação catalítica foi realizada num balão de fundo redondo de duplo gargalo de 50 ml. Misturou-se uma quantidade fixa de ciclo-hexano (5 mmol) e H2O2 (5 mmol) e a mistura reacional foi aquecida num banho de óleo com agitação contínua a 30-90°C. Adicionou-se uma quantidade adequada de catalisador (50125 mg) à mistura quente e a reação prosseguiu. O progresso da reação foi determinado num intervalo de tempo específico. A análise do produto foi efectuada utilizando um cromatógrafo de gás. A oxidação catalítica do ciclo-hexano [114-115]. O maior rendimento de ciclohexanol (85%) ocorre a 70°C. Mas com o aumento do período de tempo a seletividade do ciclohexanol diminui e a seletividade da ciclohexaona aumenta até às 3 horas. Isto indica que o ciclo-hexanol formado no primeiro passo sofre oxidação adicional em ciclo-hexanona durante o progresso da reação. A reação não prosseguiu sem a utilização de metal e oxidante, mesmo a 70 °C durante 3 horas. Figura 5.6.

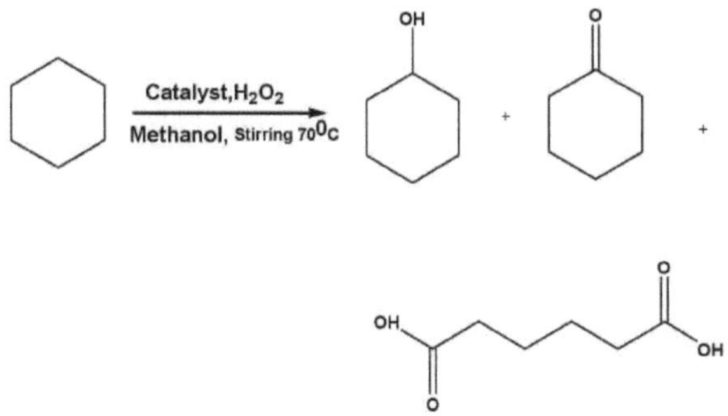

Figura 5.6 Oxidação catalítica do ciclo-hexano

Efeito do catalisador

Quando a reação é realizada na ausência de catalisador, não se verifica qualquer rendimento. O efeito da quantidade de catalisador na velocidade da reação é ilustrado na Tabela 5.1. Foram utilizadas quatro quantidades diferentes de catalisador sem alterar os outros parâmetros da reação. Ao aumentar a quantidade de catalisador, o grau de conversão aumentou para todos os complexos, como esperado. Assim, considerou-se que 50 mg de catalisador eram suficientes para obter um bom desempenho. Observa-se que, com uma maior concentração de catalisador, há uma ligeira diminuição da % de conversão. Kodetal.

Tabela 5.1. Efeito da quantidade de catalisador (ciclo-hexano)

Catalyst (mg)	Temperature (^{o}C)	Time (hr.)	Yield (%)
25	50	2/3	42/35
50	50	2/3	85/62
75	50	2/3	62/52
125	50	2/3	55/47

Condições de reação:10 ml de metanol 5 mmol de H_2O_2, em que 2/3 representa 2h e 3h Rendimento com base no substrato que é tomado

Efeito da temperatura

A Tabela 5.2 apresenta o efeito da temperatura de reação na oxidação do ciclo-hexano. Foram consideradas quatro temperaturas diferentes, mantendo os outros parâmetros iguais aos mencionados anteriormente. Verifica-se que o catalisador utilizado é ativo mesmo à temperatura ambiente. Mas a taxa de conversão era muito baixa. Com o aumento da temperatura, verificou-se que a conversão aumenta [116]. A temperatura óptima para a realização da reação é de 70°C. Há uma ligeira diminuição da conversão acima de 50°C, que pode ser devida à decomposição acelerada do peróxido de hidrogénio. Assim, 70°C é selecionada como a temperatura óptima para a realização da reação de oxidação do ciclo-hexano

Tabela 5.2: Efeito da temperatura (ciclo-hexano)

Catalyst (mg)	Temperature (°C)	Time (hr.)	Yield (%)
50	30	2	38
50	50	2	66
50	70	2	85
50	90	2	61

Condições de reação: 10 Metanol, 1mmol 5mmol H_2O_2,
Rendimento com base no substrato que é recolhido

7. OXIDAÇÃO CATALÍTICA DE COMPLEXOS DE ISATINA SUPORTADOS POR POLÍMEROS

INTRODUÇÃO

O quitosano, produto desativado da quitina, é um polímero naturalmente abundante e renovável. Apresentam excelentes propriedades como flexibilidade, biodegradabilidade, biocompatibilidade, não toxicidade e adsorção [117]. O polímero constitui o componente básico da parede celular dos fungos. O polímero é extraído de fungos e insectos [118-119]. O quitosano contém mais de ~50% de resíduos de acetamido no C-2 da unidade estrutural. Na quitina, o grau de desactilação (DD) serve como um carácter de diagnóstico que diferencia o biopolímero como quitina ou quitosano [120]. O grupo amino presente na quitosana sofre modificações. É devido ao grupo amino do quitosano que o torna consideravelmente mais valioso e versátil do que a celulose [121-122]. A reação do grupo amino com o grupo aldeído forma a base de Schiff. A base de Schiff modificada é utilizada na agricultura, na indústria e no fabrico de medicamentos. As bases de Schiff também são utilizadas na adsorção de iões metálicos e como suporte de catalisadores de complexos metálicos [123-124]. Os complexos de quitosano modificados com bases de Schiff têm sido os compostos de coordenação mais estudados nos últimos anos, uma vez que a oxidação catalítica de álcoois e hidrocarbonetos utilizando complexos metálicos com ligandos modificados com bases de Schiff foi recentemente estudada e encontra aplicações valiosas na indústria e no fabrico de medicamentos. Existem alguns estudos sobre a oxidação do álcool benzílico em condições aeróbias à temperatura ambiente utilizando diferentes complexos de metais de transição como catalisadores [125].

O presente trabalho relata a síntese de um complexo metálico ligante de base de Schiff modificado à base de quitosano e as suas aplicações na oxidação de álcoois na presença de oxigénio molecular natural não tóxico e amigo do ambiente como oxidante. O catalisador é ativo na oxidação de álcoois. Além disso, o efeito de vários parâmetros como a temperatura, a quantidade de catalisador e o efeito do solvente também foi registado.

7.1 EXPIREMENTAL

MATERIAIS

O pó de quitosano foi obtido da Hi- media chemical company India. A purificação do pó foi efectuada por dissolução de 0,5 g de pó de quitosano em 1 litro de solução de ácido acético 0,5 $molL^{-1}$. O ligando aldeído foi adquirido à Merck-India. Os solventes, como o metanol, o etanol, etc., e os produtos químicos foram todos obtidos na Merck-India. Todas as reacções químicas foram realizadas em condições aeróbias. As percentagens de carbono, hidrogénio e azoto foram analisadas com um analisador elementar modelo Carlo Erba 1108. Os espectros FT-IR dos complexos poliméricos foram registados com o espetrómetro Perkin Elmer. O espetro de massa foi registado com uma fonte de micro massa ESI -MS modelo Q-TOF. A análise termogravimétrica foi registada com o EXSTAR 6000, cuja temperatura varia entre 50°C e 800 °C, numa atmosfera de azoto, tendo a alumina como padrão de referência. A difração de raios X em pó foi realizada com um difratómetro de raios X (XPERT PAN National Physical Laboratory New Delhi). As análises de vários produtos líquidos obtidos nas reacções de oxidação catalítica de complexos de polímeros metálicos em diferentes solventes foram efectuadas utilizando cromatografia gasosa Hewlett-Packard (HP 6890) com detetor FID, contendo uma coluna capilar (HP-5), com uma temperatura de forno programada entre 50 e 200 °C e uma taxa baixa de 0,5 $cm^3 min^{-1}$ de N_2 como gás de arrastamento".

Síntese de quitosano modificado com base de Schiff

Dissolveu-se o quitosano (1 g, 5 mmol) em ácido acético diluído (2%) na presença de uma base e agitou-se durante 4 horas à temperatura de 20 °C. Em seguida, adicionou-se a solução metanólica de isatina (5 mmol) num balão de gargalo único e agitou-se continuamente durante 15 horas à temperatura de 25 °C. A suspensão vermelha acastanhada resultante foi então filtrada e lavada com metanol e depois com éter. O produto purificado foi seco sob vácuo a 50 C durante 1h.

Quitosano modificado com base de Schiff: Pó avermelhado, rendimento 67%.anal calculado para Mol. Fórmula C14H14N2O5,C,(57.93%); H, (4.86%);N ,(9.65) ;(encontrado %, C-57.00%; H-4.66%; N-9.22%); IR(KBr)(cm^{-1}): 1623(C=N), 3385(OH), 2377(CH), 1031(C-O-C), 1700 (C=O)

Síntese de complexos de quitosano Cu modificados com bases de Schiff

Adicionou-se 5 mmol de quitosano modificado com base de Schiff a 5 mmol de $CuCl_2.2H_2O$ num balão e agitou-se magneticamente toda a solução durante 10 horas a 70 °C. O complexo verde resultante foi lavado com metanol e depois seco durante 30 minutos. O rendimento do pó verde foi de 62%, calculado com base na fórmula de Mol. Fórmula- C14H14N2O5CuCl2Calc. Mol.Wt. 424Mol. encontrado 422m/e:424[M+2H+]262.[M-Chitosan+1H+]232.[M-ChitosanCl+6H+],167.[M-ChitosanCuCl+5H+].,C,(39.59); H, (3.32); N, (6.60); Cu, (14.96); encontrado (%) C, (39.00);H, (3.15); N ,(6.51);Cu ,(14.51);IR (K Br) cm-1,3200 (O-H);1620, (C=N); 1490, (C=C);1700, (C=O);M-N,M-O.(490);TGA: 6% de perda de massa no 1° estágio. Abaixo de 100 °C, 2ª perda 50% a 400-640 °C, 3ª perda 10% a 650 °C, Índice cristalino=20%. Figura 3.1.

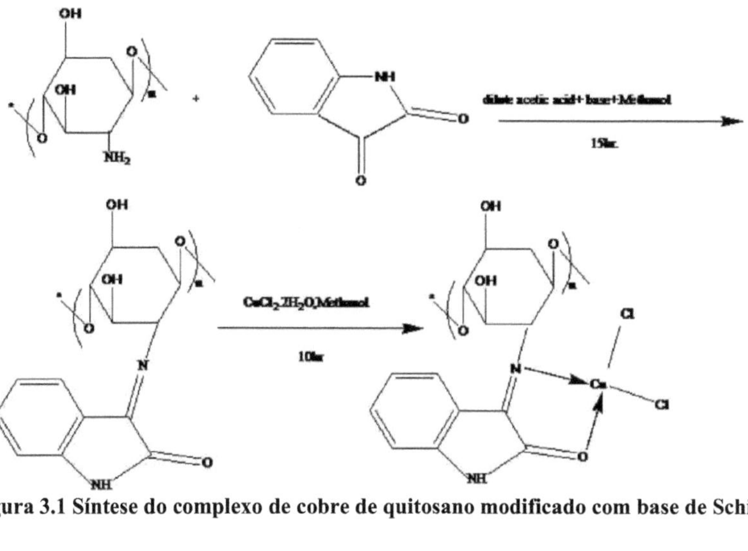

Figura 3.1 Síntese do complexo de cobre de quitosano modificado com base de Schiff

Reacções de oxidação catalítica de complexos metálicos de Cu(II) de polímeros

O procedimento de oxidação é idêntico ao descrito no capítulo 2.

7.2 Resultados e discussão

Análise elementar

A análise elementar do complexo metálico do ligando de base de Schiff modificado com quitosano é apresentada na Tabela 3.1

Tabela 3.1 Análise elementar do complexo polímero-metal

Compound	Mol. Formula	Mol.(wt.)	Yield %	Elemental Analysis % Calc. (Found)			
				C	H	N	Cu
Modified chitosan	$C_{14}H_{14}N_2O_5$	290	67	57.93, (57.00)	4.86, (4.66)	9.65, (9.22)	
Modified chitosan Cu Complex	$C_{14}H_{14}N_2O_5Cu$	424	62	39.59, (39.00)	3.32, (3.15)	6.60, (6.51)	14.96, (14.51)

Espectros FT-IR de complexos metálicos de base de Schiff modificados com quitosano

O espetro FT-IR do complexo ligando de Schiff Cu modificado com quitosano mostra os seguintes picos importantes Figura 3.2. Uma banda a 3200 cm^{-1}, análoga ao estiramento O-H do quitosano, foi observada outra nova banda a 1620 cm^{-1}, que se deve ao estiramento C=N do grupo azometina recém-formado. A 1490 $cm^{(-1)}$, o estiramento C=C aromático confirma que a isatina se ligou à estrutura do quitosano[14]. O estiramento C=O do grupo amida ocorre a 1700 cm^{-1}. A formação de M-N e M-O ocorre a ~490 cm^{-1}e ~420 cm^{-1}respetivamente. A banda caraterística do estiramento C-O-C do quitosano ocorre a cerca de 1000 cm^{-1} e a banda da ponte P (1-4 glicosídeo) a cerca de 890 c m^{-1} - 1150 cm^{-1} também foi encontrada nos espectros FT-IR do complexo metálico Figura 3.2

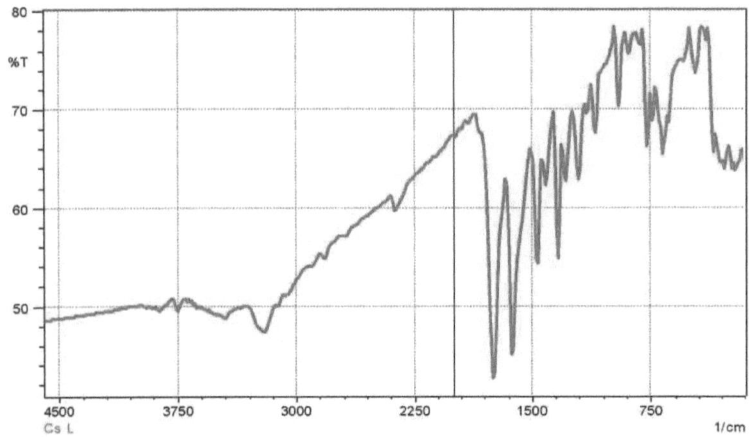

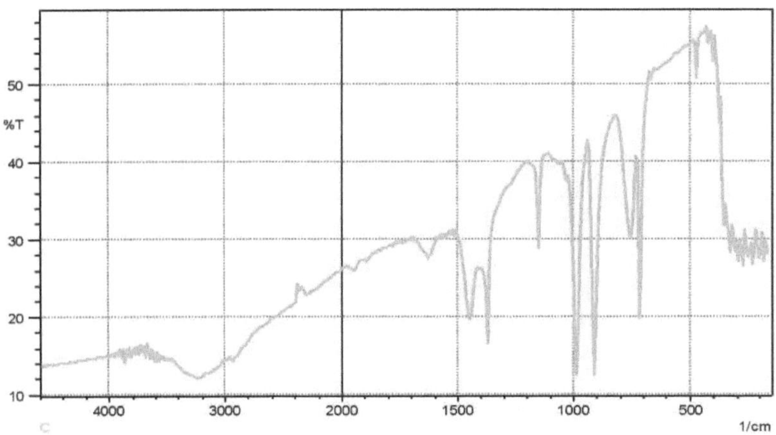

Figure

Figura 3.2 Espectros FT-IR do complexo metálico de base de Schiff

Análise por Espectro de Massa de Ionização por Electro-Spray (ESI-MS)

A estrutura proposta para o complexo mostra um pico molecular a m/z 422,3 que corresponde à molécula (M-3H_2O) de massa atómica m/z 424,1. Os dados obtidos sugerem que, na reação do quitosano com a isatina, há perda de uma molécula de água e, na segunda etapa, após a adição de $CuCl_2.2H_20$, há remoção de duas moléculas de água. O pico em m/z 232 é devido à perda da fração (M-$C_6H_{11}NO_4Cl$). O que sugere a remoção do quitosano e de um fragmento de cloro do complexo ligando Cu? Outro pico em m/z a 167,0 corresponde à perda da fração (M-$C_6H_{11}NO_4CuCl$) de m/z 161,1 do complexo de Cu modificado com base de Schiff.

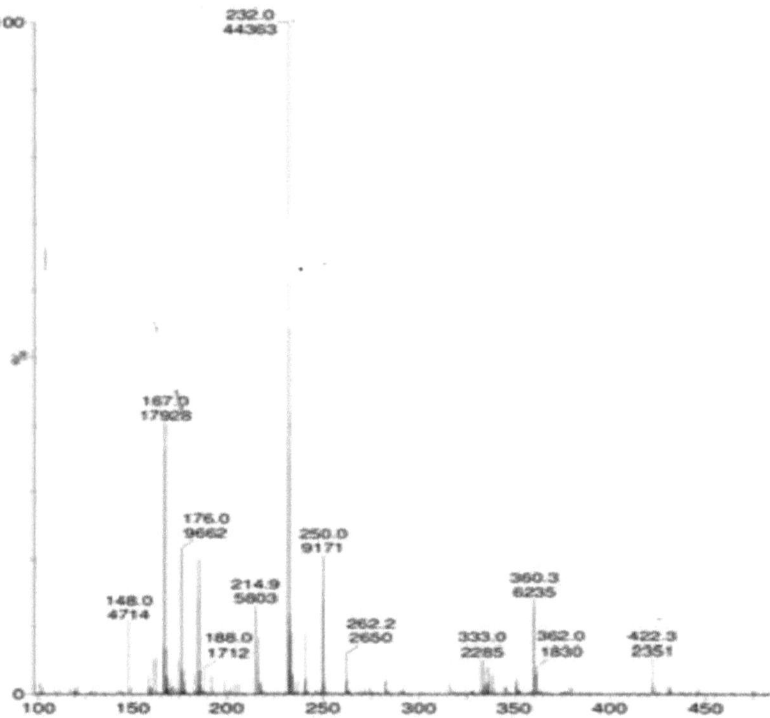

Figure 3.3 Análise ESI-MS do complexo metálico de base de Schiff

Análise gravimétrica térmica (TGA)

A formação do complexo metálico de quitosano apresenta três fases de perda de massa. A primeira perda de massa, que é a remoção de moléculas de água, ocorre a (~6%) abaixo de 100 °C. A segunda perda de massa, que é o pico máximo de decomposição endotérmica, deve-se à remoção do quitosano livre, que ocorre a (~50%) 400-640 °C, e a perda de massa final, que ocorre a ~(10%) a 650 °C, pode dever-se à torção da ligação de coordenação entre o azoto azometínico e o cobre. Foi registada uma fase de perda de massa semelhante com o quitosano livre e a base de Schiff modificada com quitosano [15] Figura 3.4

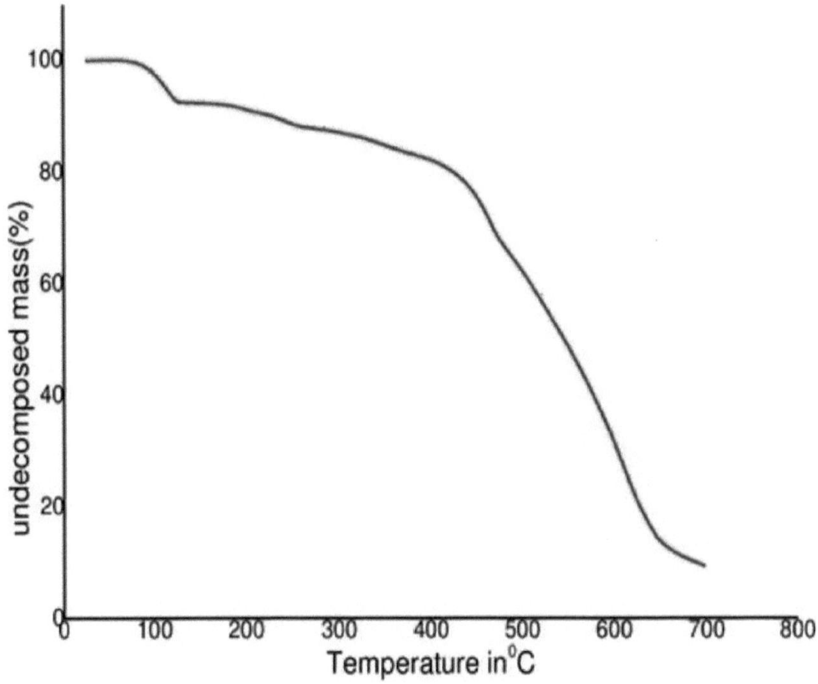

Figura 3.4 Análise termogravimétrica (TGA) do complexo metálico de base de Schiff

Espectroscopia de difração de raios X (XRD)

Devido à forte ligação de hidrogénio no quitosano, este é um biopolímero cristalino excecional entre todos os polímeros de hidratos de carbono [126]. Os padrões de XRD do quitosano modificado com base de Schiff mostram o pico mais significativo em -20=20 . A diminuição da cristalinidade do complexo metálico modificado com quitosano deve-se à deformação das ligações de hidrogénio no quitosano após as suas modificações estruturais [127] Figura 3.5

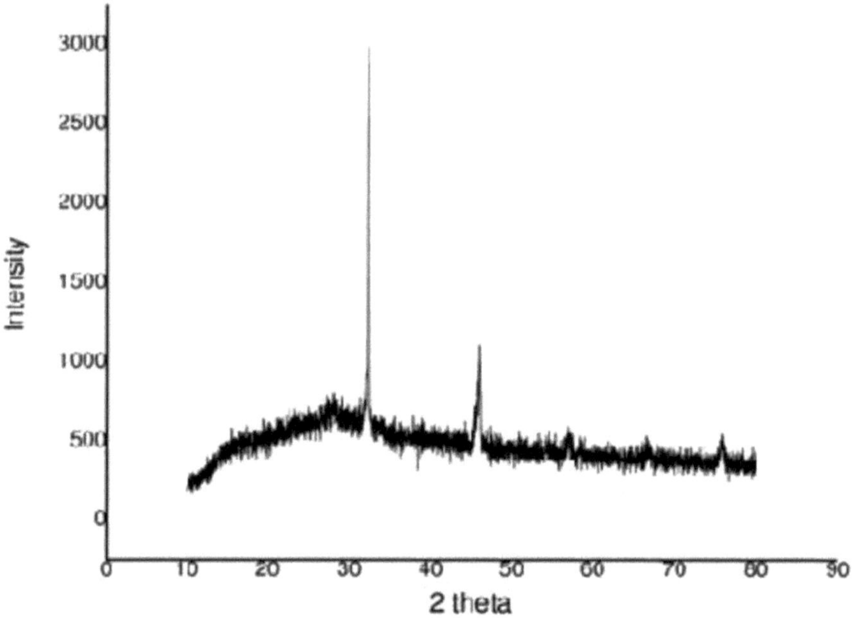

Figura 3.5 XRD de potência do complexo metálico de base de Schiff

Atividade catalítica para a oxidação

As reacções de oxidação do álcool benzílico, do propanol, do n-butanol e do n-hexanol utilizando o complexo metálico de cobre de base de Schiff como catalisador são apresentadas na Tabela 3.2. O álcool benzílico dá maior rendimento de oxidação do que o propanol, o n-butanol e o n-hexanol.

Tabela 3.2 Seletividade e rendimento do produto de diferentes substratos alcoólicos.

Time (hr.)	Substrate	Product	Yield (%)	Selectivity
3	Propanol	Propanone	52	61
3	Butanol	Butanal	44	52
3	Benzylalcohol	Benzyldehyde	58	66
3	Hexanol	Hexanone	37	55

Condições: Catalisador 150mg, 1 atm. Pressão, temperatura 70°C, Substrato 1: 1 (metanol e tolueno)

Efeito da temperatura

A reação de oxidação foi realizada utilizando uma pequena quantidade de álcool benzílico a pressão latente na presença de metanol e tolueno como solvente (1:1) durante 3 h. A temperatura favorável para realizar a oxidação do álcool benzílico foi de 70 °C. Quando a reação é realizada a 70°C, o rendimento do produto é de 58%.

Ao aumentar a temperatura, o rendimento do produto diminui, o que pode ser devido à decomposição do oxigénio. Foram utilizadas diferentes temperaturas para o progresso da reação do álcool benzílico na presença de catalisador [128-129]. Tabela 3.3.

Tabela 3.3 Efeito da temperatura na velocidade da reação

Catalyst (mg)	Temp. (°C)	Time (hr.)	Yield (%)
150	30	3	52
150	50	3	48
150	70	3	58
150	90	3	45

Condições: 5 mmolÁlcool benzílico, 1 atm. Pressão, Substrato 1:1 (Metanol: Tolueno)

Efeito do catalisador

O rendimento do produto é também influenciado pela quantidade de catalisador. Foram utilizadas diferentes quantidades de catalisador para a reação de oxidação (90-150mg) a uma determinada temperatura e tempo (70^0C,3hr). Verificou-se que o rendimento do produto aumenta com o aumento da temperatura e que o rendimento máximo foi observado a 150 mg. Um aumento adicional da quantidade de catalisador resulta numa diminuição do rendimento, o que pode dever-se ao facto de uma grande quantidade de catalisador dificultar a agitação [130-134]. Quando se aumenta a quantidade de catalisador, a conversão do álcool benzílico permanece quase constante. Assim, as condições óptimas de reação para a oxidação do álcool benzílico foram as seguintes: álcool benzílico (5 mmol), 1atm.de oxigénio molecular, catalisador (150mg), metanol: Tolueno (1:1), tempo (3 horas) e temperatura (70°C) Tabela 3.4

Tabela 3.4 Efeito da quantidade de catalisador na taxa de álcool benzílico

Catalyst (mg)	Temp. (°C)	Time (hr.)	Yield (%)
90	70	3	51
120	70	3	48
150	70	3	58
180	70	3	42

Condições: 5 mmolÁlcool benzílico, 1 atm. Pressão, substrato 1:1 (metanol:tolueno)

Efeito do solvente

Quando a oxidação de propanol, 2-butanol, benzaldeído e ciclo-hexano foi realizada em diferentes solventes, os resultados mostram que a atividade catalítica do catalisador de Cu suportado em polímero é mais elevada na presença de solventes polares. Isto é explicado pelo facto de o catalisador suportado em polímero ser altamente inchado em solventes polares. Assim, o substrato e o oxidante podem aproximar-se facilmente dos sítios activos do catalisador. Além disso, isto pode dever-se à elevada constante dieléctrica e à melhor e maior solubilidade do substrato.

Conclusões:

Verifica-se que os edifícios de bases de Schiff catalisam um número substancial de alterações naturais, por exemplo, resposta de polimerização, epoxidação, abertura de anéis de epóxidos, diminuições, oxidações, alquilação, expansão de Michael, resposta de Heck, anulação, carbonilação, benzoilação, ciclopropanação, resposta de Diels Alder, acumulação de aldol e assim por diante. A oxidação do ciclo-hexano em condições suaves é um tema de grande intriga. A resposta continua através do arranjo do meio peroxi da estrada. O ciclohexil-hidroperóxido é enquadrado inicialmente quando se utiliza peróxido de hidrogénio, que é posteriormente oxidado em ciclohexanol e ciclohexanona. Os edifícios de cobalto com ligandos 3oxobutilidenoaminato foram impulsos eficazes para a diminuição enantioselectiva do boro-hidreto de cetonas, iminas, continua através da disposição das espécies dinâmicas do peróxido de hidrogénio, OOH-, que inicialmente estrutura um meio com partículas metálicas. Os edifícios de cobre (II), manganês (II) e ruténio (II) catalisam a oxidação específica do licor de benzilo em benzaldeído. Oxidação profundamente específica de álcoois benzílicos a benzaldeído utilizando um perplexo dinuclear dinâmico de manganês (IV) como impulso e peróxido de hidrogénio ou terc-butil-hidroperóxido como oxidante.

Referências:

1. *HSchiff,Ann.Suppl.* 3(**1864**)343.

2. F.A.Carey,*Organzcchem7'stry*,5th edn.McGraw-Hill,NewYork,page724(**2003**).

3. P.G.Cozzi, *Chem.*Metal-Salen Schiff base complexes in catalysis: practical aspects *Soc.Rev.33(**2004**)410.*

4. *S.Patai, TheChemistryofCarbonNitrogenDoubleBond, IntersciencePublishersInc.,NewYor* k,(**1970**).

5. B. De Clercq, F. Verpoort, Uma nova classe de complexos de ruténio contendo ligandos de base de Schiff como catalisadores promissores para a polimerização radical de transferência de átomos e polimerização por metátese de abertura de anel *J. Mol. Catal. A: Chem.* 180 (**2002**) 67.

6. R.H.Holm,G.W.Everett,A.Chakraborthy,The Synthesis, structures, and solution equilibria of bis(pyrrole-2-aldimino)metal(II) complexes, *Prog.Inorg.Chem.7(**1966**}83.*

7. S.Yamada,*Coord.Chem.Rev.* Complexos de níquel (II) de base de Schiff com número de coordenação superior a quatro (**1967**)415&2(**1968**)82.

8. J.F.Geldard,F.Lions, Compostos de Quelatos Tridentados. VI. Complexos de cobre(II) derivados da piridina-2-aldeído-2'-piridil-hidrazona, *Inorg.Chem.*4(**1965**)414.

9. S.Adsule,V.Barve,D.Chen,F.Ahmed,Q.P.Dou,S.Padhye,F.H.Sarkar, Novel Schiff base copper complexes of quinoline-2 carboxaldehyde as proteasome inhibitors in human prostate cancer cells. *J.Med.Chem.49(**2006**)7242.*

10. X-H.Bu,M-L.Tong,Y-B.Xie,J-R.Li,H-C.Chang,S.Kitagawa,J.Ribas, Síntese, estruturas, e propriedades magnéticas dos complexos de cobre(II), cobalto(II) e manganês(II) com ligandos 9- acridinocarboxilato e 4-quinolinocarboxilato. *Inorg.Chem.44(**2005**)9837.*

11. C-G.Zhang,D.Wu,C-X.Zhao,J.Sun,X-F.Kong, Síntese, estrutura cristalina e propriedades de um complexo de base de Schiff de manganês(III): [{Mn(vanen)(Him)(H_2O)}{Mn(vanen)($Him)_2$}]($ClO_4)_2$ a $4H_2O$ (H_2vanen = N,N0-bis(metoxisalicilideno)-1,2-diaminoetano), *Transition Met. Chem.* 24 (**1999**) 718.

12. E.Tas,M.Aslanoglu,M.Ulusoy,M.Guler, Síntese, caraterização e estudos electroquímicos de complexos de níquel(II) e cobalto(II) com novas bidentatesalicilaldiminas, *Pol.J.Chem.78(**2004**)9O3.*

13. Z.Li,K.R.Conser,E.N.Jacobsen,Aziridinação assimétrica de alquenos com catalisadores quirais à base de diiminas facilmente disponíveis. *J.Am.Chem.Soc.* 115(**1993**)5326.

14. J.V.Dubsky,A.Sokol,*Collect.Czech.Chem.Commun.*3(**1931**)548

15. A.A.Soliman,W.Linert, doador de estrutura de complexos de base de Schiff de ONS salicilaldehye *Monatsh.Chem.*138(**2007**)175.

16. E.Kim, E.E.Chufan, K.Kamaraj, K.D.Karlin, Modelos sintéticos para heme-copper oxidases. *Chem.Rev.* 104(**2004**)1077.

17. P.A.Vigato,S.Tamburini,The challenge of cyclic and acyclic schiff bases and related derivatives *Coord. Chem.Rev .248(**2004**)1717.*

18. W.Plass, Vanadium haloperoxidases as supramolecular hosts: Modelos sintéticos e computacionais. *Coord.Chem.Rev .237(**2003**)205.*

19. M.J.Hearn,M.H.Cynamon, Conceção e síntese de antituberculosos: preparação e avaliação contra Mycobacterium tuberculosis de uma base de Schiff de isoniazida. *J.Antimicrob.Chemother.*53(**2004**)185.

20. T.Nogrady,J.Keshmirian, *Comp.Biochem.Physiol. C:Pharmacol. Toxicol.Endocrinol.* 83(**19 86**)339.

21. A.D.Garnovskii,O.A.Osipov,S.B.Bulgarevich,The Principle of Hard and Soft Acids and Bases and the Problem of Competitive Coordination in Complex Compounds. *Russ.Chem.Rev .41(**1972**)341.*

22. M.A.Ali, Estudos magnéticos e espectroscópicos sobre complexos de níquel(II) e cobre(II) de alguns ligandos ONS tridentados neutros *Can.J.Chem.58(**1980**)727.*

23. D.A.Atwood,M.J.Harvey, Compostos do Grupo 13 que incorporam ligandos de Salen. *Chem.Rev.*101(**2001**)37.

24. S.Advancement in stereochemical aspects of Schiff base metal complexes, *Chem.Rev.190-*192(**1999**)537.

25. C-M.Che,J-S.Huang,*Coord.Chem.Rev.*242(**2003**)97.

26. L.Canali,D.C.Sherrington,Utilisation of homogeneous and supported chiral metal(salen) complexes in asymmetric catalysis, *Chem.Soc.Rev.28(**1999**)85.*

27. V.C.Gibson,S.K.Spitzmesser,Advances in non-metallocene olefin polymerization catalysis, *Chem.Rev.* 103(**2003**)283.

28. S.N.Rao,N.Kathale,N.N.Rao,K.N.Munshi,Catalytic air oxidation of olefins using molybdenum dioxo complexes with dissymmetric tridentate O,N,S-donor Schiff base ligands derived from o-hydroxyacetophenone and S-benzyldithiocarbazate or S- methyldithiocarbazate, *Inorg.Chim.Acta360(**2007'**)4010.* 4010.

29. S.Jammi,P.Saha,S.Sanyashi,S.Sakthivel,T.Punniyamurthy,Reação de Nitroaldol Catalisada por Cobre Binuclear Quiral (II): Scope and Mechanism, *Tetrahedron64*(**2008**)11724.

30. I.Iwakura,T.Ikeno,T.Yamada, Proposta para a via do ciclo metálico durante a ciclopropanação catalisada por complexos de bases de cobalto-Schiff, *Org.Lett.6(**2004**)949.*

31. T.Katsuki, Unique asymmetric catalysis of *cz's-P* metal complexes of salen and its related Schiff-base ligands, *Chem.Soc.Rev.33(**2004**)437.*

32. R-M.Wang,C-J.Hao,Y-P.Wang,S-B.Li,Guanidinas encapsuladas em zeólito Y e ancoradas em MCM-41: síntese e atividade catalítica, *J.Mol.Catal.A:Chem.* 147(**1999**) 173.

33. K.C.Gupta,A.K.Sutar,Catalytic activities of Schiff base transition metal complexes *Coord. Chem.Rev.*252(**2008**)1420.

34. K.C.Gupta,A.K.Sutar,C.-C.Lin,Complexos de base de Schiff suportados por polímeros em reacções de oxidação. *Coord.Chem.Rev .253(**2009**)1926.*

35. T.Langer, G.Hulmchem, *TetrahedronLett.* 37(**1996**)1381.

36. H.Brunner,M.Schonherr,M.Zabel,Catálise enantioselectiva. Parte 148: Éteres de oxima derivados de hidratos de carbono estáveis à hidrólise - síntese de ligandos e complexos e estudo das suas propriedades catalíticas. *TetrahedronAsym.14(**2003**)1115.*

37. E.N.Jacobsen,F.Kakiuchi,R.G.Konsler,J.F.Larrow,M.Tokunaga,Abertura catalítica enantioselectiva de epóxidos com ácidos carboxílicos. *TetrahedronLett.* 38(**1997**)773.

38. M.H.Wu,E.N.Jacobsen,Novos catalisadores altamente eficientes para a hidrogenação de transferência enantioselectiva de cetonas, *TetrahedronLett.*38(**1997**)693.

39. S.G.Telfer,R.Kuroda,1,1'-Binaftil-2,2'-diol e 2,2'-diamino-1,1'-binaftil: estruturas versáteis para ligandos quirais em química de coordenação e metalosupramolecular. *Coord.Chem.Rev .242(**2003**)33.*

40. X.G.Zhou,X.Q.Yu,J.S.Huang,C.M.Amidação assimétrica de ligações C-H saturadas catalisada por porfirinas quirais de ruténio e manganêsChe, *Chem.Commun.* (**1999**)2377.

41. F.Paul,Síntese catalítica de isocianatos ou carbamatos a partir de nitroaromáticos utilizando o Grupo VIII catalisadores de metais de transição. *Coord.Chem.Rev.2O3(**2000**)269.*

42. A.Kumar,M.Agarwal,A.K.Singh,Bases de Schiff selenadas de 2-hidroxiacetofenona e seus complexos de paládio (II) e platina (II): Sínteses, estruturas cristalinas e aplicações na reação de Heck. *Polyhedron27(**2008**)485.*

43. S.Iyer,G.M.Kulkarni,C.Ramesh, catálise por complexos de Pd com ligandos de azoto e ativação de brometos de arilo. *Tetrahedron6O(**2004**)2163.*

44. C.Gonzalez-Arellano,A.Corma,M.Iglesias,F.Sanchez,Pd(II)-Schiff Base Complexes Heterogenised on MCM-41 and Delaminated Zeolites as Efficient and Recyclable Catalysts for the Heck Reaction. *Adv.Synth.Cat .346(**2004**)1758.*

45. J.Legros,C.Bolm,Oxidação assimétrica de sulfuretos catalisada por ferro com peróxido de hidrogénio aquoso. *Angew.Chem.,Int.Ed.42(**2003**)5487.*

46. R.Souane,F.Isel,F.Peruch,P.J.Lutz,C.R. Pyridine bis(imine) cobalt or iron complexes for ethylene and 1-hexene (co)polymerisationChimi,*Comp.Rend.Chzm.* 5(**2002**)43.

47. L.Canali,D.C.Sherrington,Utilização de complexos homogéneos e suportados de metal quiral(salen) em catálise assimétrica. *Chem.Soc.Rev* .28(**1999**)85.

48. T.S.Lai,H.L.Kwang,C.M.Che,S.M.Peng,Aziridinação catalítica e assimétrica de alcenos catalisada por um complexo quiral de porfirina de manganês. *Chem.Commun.(**1997**)2373.*

49. S.M.Au,J.S.Huang,C.M.Che,W.Y.Yu, Amidação de hidrocarbonetos não funcionalizados catalisada por complexos de ruténio de amina cíclica ou bipiridina. *J.Org.Chem.65(2000}7858.*

50. Y.Kolmura,T.Katsuki, "Mn(salen)-catalyzed Enantioselectivo C-H Aminação" *TetrahedronLett,*42(**2001**)3339.

51. E.J.Corey,Y.Bo,J.B.Peterson, Alquilação Catalisada por Transferência de Fase Altamente Enantiosselectiva de um Equivalente de Éster Propiónico 3-Oxigenado; Aplicações e Mecanismo. *J.Am.Chem. Soc.*120(**1998**)13000.

52. M.Nakogi,T.Kanayama,T.Okino,Y.Takemoto,Alquilação alílica assimétrica catalisada por Pd de Glycine Imino Ester usando um catalisador de transferência de fase quiral. *J.Org.Chem.67(**2002**)* 7418.

53. Y.N.Belokon,M.Morth,V.S.Kublitski,N.S.Ikonnikov,P.E.Krasik,V.I. Maleev,Chiral complexos salen-metal como novos catalisadores para alquilações assimétricas de transferência de fase. *TetrahedronLett,*40(**1999**)6105

54. G.W.Sluggett,M.J.Turro,H.D.Roth,Rh(III) Interconversão fotossensibilizada de Norbornadieno e Quadriciclano. *J.Phys.Chem.A.101(**1997**)8834.*

55. C.Turro,A.Evenzahav,S.H.Bossmann,J.K.Barton,N.J.Turro, Propriedades de estado excitado de Rh(phi)2(phen)3+ e relacionados relacionados: a forte photooxidant, *Inorg. Chim.Acta243(**1996'**)101.*

56. Q.Jiang,Y.Jiang,D.Xio,P.Cao,X.Zhang, Hoch enantioselektiveHydrierungeinfacher Ketone mitPennPhos-Rh-Katalysatoren, *Angew.Chem.Int.Ed.Eng.37(**1998**)1100.*

57. V.Fehring,R.Selke,*Angew.Chem.Int.Ed.Eng*. 37(**1998**)1327.

58. Y.Himeda,N.Onozawa-Komatsuzaki,H.Sugihara,H.Arakawa,K.Kasuga,*J. Mol.Catal.A:Chem.* 195(**2003**)95.

59. T.Yamada,T.Ikeno,Y.Ohtsuka,S.Kezuka,M.Sato,I.Iwakura, Complexos de manganês e cobalto 3-oxobutilidenoaminato: Conceção e aplicação em reacções enantioselectivas. *Sci. Technol.Adv.Mater.* 7(**2006**)184.

60. S.E.Schaus,J.Branalt,E.N.Jacobsen,*J.Org.Chem.*63(**1998**)403.

61. M.R.Maurya,A.K.Chandrakar,S.Chand,Oxidação de fenol, estireno e sulfureto de metilfenilo com H2O2catalisada por complexos de dioxovanádio(V) e cobre(II) de 2-ligando à base de aminometilbenzimidazol encapsulado em zeolite-Y, *J.Mol.Catal.A:Chem.263(**2007**)* 227.

62. J.L.vanWyk,S.F.Mapolie,A.Lennartson,M.Hakansson,S.Jagner,A oxidação catalítica do fenol em meio aquoso utilizando complexos de cobalto(II) derivados de N-(aril) salicilaldiminas. *Inorg.chim.acta361(**2008**)2O94.*

63. G.T.Musie,M.Wei,B.Subramaniam,D.H.Busch, Catalytic Oxidations in Carbon DioxideBased Reaction Media, including Novel CO2-Expanded Phases,*Inorg.Chem.*4O(**2001**)3336.

64. J.Zhang,Y.Tang,J-Q.Xie,J-Z.Li,W.Zeng,C-W.Hu, Estudo da oxidação de fenol com H2O2 catalisada por complexos de manganês de base Schiff como peroxidase mimética. *J.Serb.Chem.Soc.7O(1O)(**2005**)1137.*

65. U.Schuchardt, W.A.Carvalho, E.V.Spinacd, *Synlett10(**1993**)713.*

66. Y.Iamamoto, M.D.Assis, K.J.Ciuffi, C.M.C.Prado, B.Z.Prellwitz, M.Moraes, O.R.Nascimento, H.C.Sacco, *J.Mol.Catal.A:Chem116(**1997**)365.*

67. A.Chavan, D.Srinivas, P.Ratnasamy, *J.Catal.* 212(**2002**)39.

68. D.Yang, L.Gao, W.Zhao, *Catal.Lett.* 126(**2008**)84.

69. P.Comba, M.Maurer, P.Vadivelu, *Inorg.Chem.* 48(**2009**)10389.

70. H.R.Mardani, H.Golchoubian, *TetrahedronLett.* 47(**2006**)2349.

71. V.Sivamurugan, G.A.Rajkumar, B.Arabindoo, V.Murugesan, *IndianJ.Chem.Sec.B44* (**2005**) 144.

72. J.Kropp, G.W.Breton, J.D.Fields, J.C.Tung, B.R.Loomis, *J.Am.Chem.Soc.* 122(**2000**) 4280.

73. P.Gogoi, D.Konwar, *Org.Biomol.Chem.* 3(**2005**)3473.

74. J.N.Moorthy, N.I.Singhal, P.Venkatakrishnan, *TetrahedronLett.* 45(**2004**)5419.

75. T.Naota, H.Takaya, S.I.Murahashi, *Chem.Rev.* 98(**1998**)2599.

76. J.Brinksma, M.T.Rispens, R.Hage, B.L.Feringa, *Inorg.Chim. Acta337*(**2002**)75.

77. J.U.Ahmad, P.J.Figiel, M.T.Raisanen, M.Leskela, T.Repo, *Appl. Cat.A371(**2009**)17.*

78. C.Zondervan, R.Hage, B.L.Feringa, *Chem.Commun.* (**1997**) 419

79. P.Gamez, I.Arends, R.A.Sheldon, J.Reedijk, *Adv.Synth.Catal.* 346(**2004**)805.

80. N.Jiang, A.J.Ragauskas, *Org.Lett.* 7(**2005**)3689.

81. I.E.Marko, A.Gautier, R.L.Dumeunier, K.Doda, F.Philippart, S.M.Brown, C.J.Urch, *Angew.Chem.,Int.Ed.* 43(**2004**)1588.

82. X.Wang, G.Wu, J.Li, N.Zhaoa, W.Wei, Y.Sun, *J.Mol.Catal.A:Chem.* 276 (**2007**)86.

83. Q.Kang, X.Chen, J.Yao, D.Xue, *Nanotechnology* 16(**2005**)164.

84. S.R.Ali, V.K.Bansal, A.A.Khan, S.K.Jain, M.A.Ansari, *J.Mol.Catal.A:Chem.* 303(**2009**) 60.

85. Figiel, P.J.; Kopylovich, M.N.; Lasri, J.; Guedes da Silva, M.F.C.; Frausto da Silva, J.J.R.; Pombeiro, A.J.L.,Chem. Commun., 46, (**2010**), 2766. U Schuchardt, D Cardoso, R Sercheli, R Pereira, R S da Cruz. et al. ApplCatal A. 211(2001) 1-17.

86. I R Ammoumraoui, A C Braham, L P Roy, C Kappenstein. Bull Mater Sci. 34(2011) 11271135. B R Retcher, J S Costa, J Tang, R Hage, P Gamez. et al. J MolCatal A. 286 (2008)1-5

87. G Ceyhan, M Kose, V McKee, S Uru, AGolcu. et al SpectrochimActa A. 95(2012) 382-398.

88. C Jin, Y J Jia, B B Fan, J H Ma, R F Li ChinjChemLett. 17(2006) 419-422.

89. X Yuan, F Li, L Wang, H A LuoLatin. Am Appl Res. 3(2007) 151-156.

90. Islam S I, MondalParamita, TuhinaKazi, Roy Anupam, HossainDilder. et al 35(2010) 891901

91. Clapham B, Reger T S, Janda K D Tetrahedron. 57 (2001) 4637.

92. Shuttleworth SJ, Allin SM,. D Synthesis. 8:1(2000) 035.

93. Sherrington D C. Pure Appl Chem. 60 (1998)401.

94. Sherrington D C. Catal Today. 57(2000) 87.

95. D C Sherrington, P Hodge. Wiłey Chichester UK. ch.3 (1998)157.

96. F R Hartley. ch.2 (1985). 241-342.

97. R H Grubbs, C P Lan, R Cukier, C Brubaker J rJ Am Chem Soc. 99 (1999) 4517.

98. J Dhavamani, M Damodaran, V R Parameswaran. Boletim de ciência do gato. 5(2006) 164-169.

99. Chandra S, Gupta K. Trans Met Chem. 32(2007) 558- 563.

100. Antony R, Tembe G L, Ravindranathan M, Ram R N. EurPolym j. 36(2000). 1579.

101. B Valodar, G L Tembe, M Ravindranathan, R N Ram, H S Rama. J Macmol sci. 41 (2004) 839-858.

102. Wang, Y Chang, Y Wang, R ZhaJMolCatal A Chem. 159 (2000) 31-37.

103. K C Gupta, A K Sutar. J MolCatal A Chem. 272(2007)64. J. Kriengkauykiat, J. I. Ito, e S. S. Dadwal,.Clin. Epidemiol. 3(2011).175

104. G. P. Bodey, Candidiasis in cancer patients (Candidíase em doentes com cancro). Am. J. Med. 77(1984)13

105. M. H. Nguyen, J. E. Peacock, Jr., A. J. Morris, D. C. Tanner, M. L. Nguyen e D. R. Am. J. Med. 100(1996)617

106. L. Li, H. Kashleva, e A. Dongari-Bagtzoglou, Microb. Pathog. 42 (2007)138

107. S. Y. Ruan e P. R. Hsueh,. J. Med. Assoc. 108(2009)443

108. P. Eggimann, J. Garbino, e D. Pittet, Infect Dis. 3(2003)685

109. M. M. Canuto e F. G. Rodero, Lancet Infect. Dis. 2 (2002)550

110. A. Heras, N. M. Rodriguez, V. M. Ramos, e E. Agullo, Carbohydr.Polym. 1(2001)44

111. Gupta, K.C. e Sutar, A.K. J. Mol Cat. A Chemical, 272 (2007)64-74

112. Trakarnpruk, W. e Kanjina, W. Indus & Eng. Chem Res. 47(2008) 964-968.

113. C.C. Wang, W.S Li, S.K Cheng, C.Y Chen, C.Y. Chen, e J.F. Kuo, React FunctPolym, 51(2002) 69-78M.

114. Sarma, T. Chatterjee, S. K Das,. RSC Adv. 2 (2012)3920-3926.

115. H. Tang, C. Chang, L. Zhang, Chem. Eng. J. 173(2011)689-697 D.L Kaplan, SpringerVerlag, Nova Iorque, 1998

116. W. L.Teng, E. Khor, T. K.Tan, L. Y. Lim, S. C. Tan, Carbohydr. Res. 332 (2001) 305-316.

117. P. Pochanavanich, W.Suntornsuk, Lett. Appl. Microbiol. 35 (2002) 17-21.

118. RAA Muzzarelli e MG peter, Sociedade Europeia da Quitina, Itália, 1997.

119. M F A Goosen, Technomic Publishing Company, Lancaster, 1997.

120. LK Han, Y Kimura, H Okuda, Int. J. Obes. Relat. Metab. Disord. 2 (1999) 174-179.

121. Fei Liu , Lin Guan , Zhi Yang Dong, Li Zhi, De Yao Kang, J. Appl. Polym. Sci. 79, 7 (2001) 1324-1335.

122. H.Wang, W.Li, Y.Lu, Z.Wang, W.Zhong, J.ApplPolym Sci. 61 (1996) 2221-2224.

123. R Antony, S Theodore David, K Saravanan, K Karuppasamy, S Balakumar, SpectrochimicaActa Part A. 103 (2013) 423-430.

124. R Antony, S Theodore David Manickam, K Saravanan, K Karuppasamy, S Balakumar, J. de Mol. Str. 1050 (2013) 53-60.

125. R Antony, S Theodore David, K Karuppasamy, K Saravanan, S Thanikaikarasan, S Balakumar, jsemat. 04, 02 (2012) 284-287.

126. R Antony, S Theodore David, K Karuppasamy, Ganesh Sanjeev, S Balakumar, SpectrochimicaActa A. 124 (2014) 178-186.

127. M.K. Dalal, M.J. Upadhyay e R.N. Ram, J. MolCatal A: Chemical. 142 (1999) 325-332.

128. K.Gauli, R N. Ram, H. P Soni, J. Mol. Catal. A: Chem. 242 (2005) 161-167.

129. N. Raman, A. Selvan, S. Sudharsan, Spectrochim. Ata Part A. 79, 5 (2011) 873-883.

130. M. Dolaz, V. Mckee, S. Urus, N. Demir, A.E. Sabik, A. Golcu, M. Tumer, Spectrochim. Ata Part A. 76 (2010) 174-181.

131. N. Raman, A. Sakthivel, R. Jeyamurugan, Cent. Eur. J. Chem. 8 (2010) 96-107.

132. K.D. Trimukhe, A.J. Varma, Carbohydr. Polym. 75 (2009) 63-70.

133. X. Wang, Y. Du, L. Fan, H. Liu, Y. Hu, Polym. Bull. 55 (2005) 105-113.

134. N.A. Anan, S.M. Hassan, E.M. Saad, I.S. Butler, S.I. Mostafa, Carbohydr. Res. 346, 6 (2011) 775-793.

MIX
Papier aus verantwortungsvollen Quellen
Paper from responsible sources
FSC® C105338

Printed by Books on Demand GmbH, Norderstedt / Germany